Bettina Borst · Pferde richtig füttern

Wissen rund ums Pferd

Bettina Borst

Pferde richtig füttern

Müller Rüschlikon

Einbandgestaltung: Anita Ament

Titelfoto: Lothar Lenz

Eine Haftung des Autors oder des Verlages und seiner Beauftragten für Personen-, Sach- und Vermögensschäden ist ausgeschlossen.

ISBN 3-275-01222-3

1. Auflage 1997

Lektorat: Carola Nowak
Herstellung: Hermann Lambrecht
Satz: FIBO Lichtsatz GmbH, D-80337 München
Druck: Maisch & Queck, D-70839 Gerlingen
Bindung: Karl Dieringer, D-70839 Gerlingen
Printed in Germany

Inhalt

Zu diesem Buch

Über die Pferdefütterung wurden schon viele Bücher geschrieben, einige davon stehen auch bei mir im Regal. So hervorragend sie sonst sein mögen – alle mir bekannten Bücher zu diesem Thema haben einen großen Nachteil: Für den durchschnittlichen Pferdefreund sind sie unverständlich. Zu viel Wissen wird vorausgesetzt, zu viele Fachwörter werden verwendet. Der ganz normale Reiter und Pferdehalter ist nun mal Laie auf den Gebieten Ernährungslehre und Anatomie, und er erinnert sich an das meiste, was er einmal im Chemieunterricht gelernt hat, nur noch schemenhaft.
Mit diesem Buch habe ich versucht, das umfangreiche Thema Pferdefütterung verständlich darzustellen. Verständlich für Freizeitreiter, die ein oder zwei Pferde hinter dem Haus halten, verständlich für Pferdeleute, die im kleinen Rahmen züchten, verständlich für Reiter und Fahrer, die einfach nur wissen wollen, wie denn die Fütterung im Pensionsstall so ist ... Verständlich für interessierte Durchschnitts-Pferdeleute also, die es nicht einfach hinnehmen wollen, daß viel zu viele Pferde falsch gefüttert werden, sich deshalb nicht wohl fühlen und oft sogar mehr oder weniger schwere Krankheiten bekommen.
Ganz ohne Fachwörter und Theorie kommt aber auch dieses Buch nicht aus. Bei so komplexen Themen wie

dem Verdauungstrakt des Pferdes oder den Inhaltsstoffen von Futtermitteln kann man nicht völlig auf Fachausdrücke verzichten.
Nehmen Sie sich die Zeit, sich einige wenige wichtige Begriffe wirklich zu merken. Denken Sie einmal darüber nach, was Sie da eigentlich füttern, wenn Sie mit Schwung die Futterkelle aus dem Sack mit Fertigfutter holen. Nehmen Sie sich einen Sackanhänger mit ins Haus, legen Sie ihn in dieses Buch und gehen Sie ihn in Ruhe durch. Lassen Sie Ihr Heu einmal analysieren, und wiegen Sie ab, wieviel Ihr Pferd am Tag frißt. Wühlen Sie so lange in der Schublade, bis Sie den Taschenrechner gefunden haben, und kämpfen Sie sich an einem ruhigen Abend durch eine Rationsberechnung.
Ihr Pferd wird es Ihnen danken!

Bettina Borst

Bettina Borst
befaßte sich bereits während ihrer Ausbildung zur Landwirtin und später während ihres Landbau-Studiums intensiv mit dem Thema Tierernährung. Die begeisterte Reiterin und Betreiberin eines kleinen Ponyhofs arbeitet als freiberufliche Übersetzerin und Autorin. Bettina Borst lebt mit mehreren Kleinpferden, Ponys und vielen anderen Tieren in der fränkischen Schweiz.

Einige Grundlagen

Kirschen gehören nicht gerade zum Standard-Pferdefutter – aber dieses Pferd bedient sich offensichtlich gerne am Kirschbaum.

Eiweiß und Energie – was ist das?

Einige Nährstoffe begegnen uns ständig, wenn es um die Fütterung von Pferden geht. Da hilft alles nichts: Wenn Sie Ihr Pferd richtig füttern möchten, müssen Sie sich die wichtigsten Nährstoffe und deren Aufbau merken.

Dabei sollten Sie im Hinterkopf behalten, daß jede Futterart vom Pferd einerseits zum Aufbau eigener Körpersubstanz genutzt werden kann, also beispielsweise zur Erneuerung des Blutes, zum Aufbau von Muskeln und so weiter. Andererseits brauchen die Pferde das Futter einfach als Energiespender, um Muskelarbeit leisten zu können.

Eiweiß

Eiweiß heißt auch Protein – und es handelt sich dabei nicht nur um das, was man im Hühnerei findet. Es gibt höchst verschiedene Eiweiße. Sie alle sind recht lange Moleküle, deren Bausteine die Aminosäuren sind. Zugegeben: Aminosäure ist ein kompliziertes Wort, aber man sollte es sich trotzdem merken!

Insgesamt gibt es etwa 20 verschiedene Aminosäuren. Mehrere davon aneinandergereiht ergeben ein Eiweißmolekül. Manche Eiweißmoleküle enthalten mehr von der einen Aminosäure, in anderen Eiweißen finden sich höhere Anteile von drei oder vier Aminosäuren.

Es gibt Aminosäuren, die der Körper des Pferdes selbst aufbauen kann, wenn er die entsprechenden Bausteine (Stickstoff, Kohlenstoff und so weiter) mit dem Futter zugeführt bekommt. Einige Aminosäuren *müssen* mit dem Futter zugeführt werden, weil das Pferd sie auf kei-

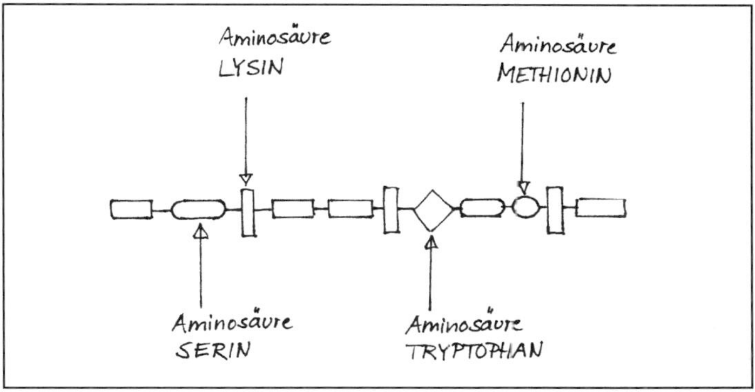

Aufbau eines Eiweißmoleküls aus verschiedenen Aminosäuren

nen Fall selbst aufbauen kann. Solche Aminosäuren bezeichnet man als essentielle Aminosäuren.
Außerdem werden bestimmte Aminosäuren wie etwa Lysin und Methionin in größeren Mengen benötigt als andere. Folglich sind bei der Fütterung diejenigen Eiweiße am wertvollsten, die hauptsächlich aus diesen wichtigen Aminosäuren zusammengesetzt sind.
Die natürliche Nahrung des Pferdes, bestehend aus älteren Gräsern, Blättern und Zweigen, ist arm an Eiweiß. Das Verdauungssystem und andere Körpervorgänge des Pferdes sind daher nicht auf die Zufuhr von großen Eiweißmengen eingestellt. Deswegen kann es bei einem Pferd leicht zu einer Eiweißvergiftung kommen, wenn das Futter zu viel Eiweiß enthält.
Das mit dem Futter zugeführte Eiweiß trägt in erster Linie zum Aufbau von Körpersubstanzen bei. Nur einige geringwertige oder überschüssige Eiweiße werden lediglich als Energielieferanten genutzt.

Kohlenhydrate – Zucker, Stärke und Zellulose
Die Kohlenhydrate dienen in der Ernährung hauptsächlich als Energiespender. Nur wenige Kohlenhydrate werden also in den Körper eingebaut, der größte Teil wird in Bewegungsenergie umgesetzt.

Falls Ihnen das Wort Energie in diesem Zusammenhang nicht viel sagt: Das sind die berühmten Kalorien oder Joule. Jeder weiß, daß zum Beispiel Schokolade viel Zucker und auch viele Kalorien enthält. Tatsächlich ist der Kalorienwert bei Fetten noch viel höher als beim Zucker. Gemüse dagegen hat einen niedrigen Zucker- und Fettanteil und damit auch wenige Kalorien.

Der weite Begriff Kohlenhydrate umfaßt alle Arten von Zucker. Ähnlich wie die Eiweiße bestehen auch die Kohlenhydrate aus verschiedenen Bausteinen – aus den sogenannten Einfachzuckern, von denen uns hauptsächlich die Glukose interessiert. Glukose ist ein Molekül, das so klein ist, daß es direkt in die Blutbahn aufgenommen werden kann und dort als Energiespender dient. Diese Energie wird dann zum Beispiel in Bewegung umgesetzt. In manchen Futtermitteln sind direkt Glukose und andere Einfachzucker enthalten.

Daneben gibt es noch Kohlenhydratmoleküle, die nur aus zwei oder drei Einfachzuckern aufgebaut sind. Auch diese Moleküle können rasch verdaut werden und spenden somit schnell Energie. In allen süß schmeckenden Futtermitteln sind solche kurzkettigen Kohlenhydrate enthalten.

Längerkettige Kohlenhydrate schmecken nicht mehr süß. Sie müssen erst in ihre Einfachzucker aufgespalten werden, um vom Pferd verwertet werden zu können, erfordern also eine längere Verdauungsarbeit. Wie lange

dieser Verdauungsprozeß dauert, hängt ganz davon ab, wie die Einfachzucker miteinander verbunden sind.
Die Art dieser Verbindung ist beispielsweise der einzige Unterschied zwischen Stärke und Zellulose. Sowohl Stärke (ein Nährstoff-Speichermolekül vieler Pflanzen) als auch Zellulose (ein Molekül, aus dem bei vielen Pflanzen die Zellwände bestehen) sind nämlich ausschließlich aus Glukose zusammengesetzt – aus Hunder-

Stärke: Glukosemoleküle in α-Bindung,
Zellulose: Glukosemoleküle in β-Bindung

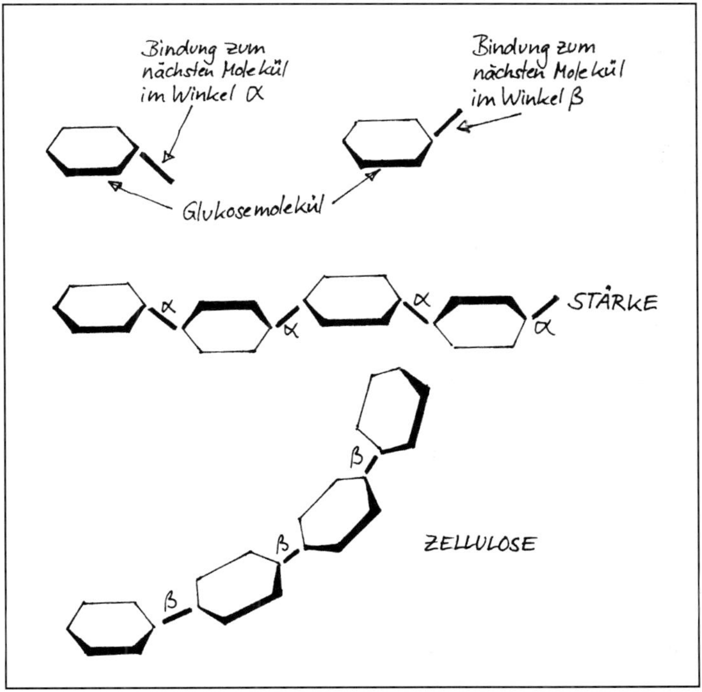

ten von aneinandergehängten Glukose-Einfachzuckern. Aber: Stärke wird viel schneller verdaut und steht damit rasch als Energie zur Verfügung, während Zellulose langsam verdaulich ist und somit langsam verfügbare Energie liefert. Wenn von Rohfaser oder von Ballaststoffen die Rede ist, sind damit übrigens schwerverdauliche Kohlenhydrate wie beispielsweise Zellulose gemeint.

Warum nun diese Unterscheidung in schnell und langsam verfügbare Energie? Bei der Stärke sind die Glukosemoleküle mit einer sogenannten α-Bindung aneinandergehängt, bei der Zellulose in einer sogenannten β-Bindung. Für das „Zerhacken" der α-Bindung ist ein anderes Enzym zuständig als für das Aufschließen der β-Bindung. Enzyme sind Moleküle in den Verdauungssäften, die größere Moleküle zerschneiden können (siehe auch Seite 20).

Das Enzym, das für die Zellulose zuständig ist, gehört nicht zu den körpereigenen Stoffen des Pferdes. Nur bestimmte Bakterien, die in den hinteren Darmabschnitten des Pferdes leben, verfügen über dieses Enzym. Zellulose kann vom Pferd also erst verdaut werden, wenn sie in diesen hinteren Darmabschnitten angekommen ist – denn dann übernehmen diese Bakterien die Verdauungsarbeit.

Stärke wird dagegen großenteils bereits im Pferdemagen aufgespalten. Sie steht also schon spätestens eine Stunde nach dem Fressen als Energie zur Verfügung.

Fette

Fette bestehen aus Glycerin – also dem Zeug, das man dem Weihnachtsbaum ins Wasser gießt, damit er länger hält – und verschiedenen Fettsäuren.

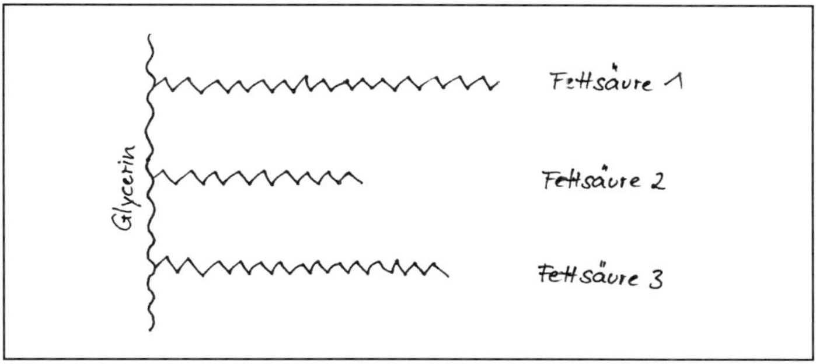

Aufbau eines Fettes aus Glycerin und Fettsäuren

Damit der Körper Fette verwerten kann, müssen auch sie mit Hilfe von Enzymen in ihre Bausteine „zerhackt" werden. Sowohl die Fettsäuren als auch das Glycerin werden im Körper des Pferdes hauptsächlich als Energiespender genutzt. Die Energie aus Fetten ist nur langsam verfügbar, weil die Fettsäuren, die bei der Verdauung entstehen und in den Blutkreislauf des Pferdes übernommen werden können, im Blut erst noch weiter zerkleinert werden müssen.

Das Verdauungssystem des Pferdes

Die Verdauung fängt bei der Futteraufnahme an, geht beim Herunterschlucken weiter und setzt sich schließlich in Magen und Darm fort. Die Resultate der Verdauung sieht man zum einen in den Abfallstoffen, also einem Haufen von Pferdeäpfeln oder dem Harn im nassen Stroh. Zum anderen zeigt sich die Wirkung der Verdauung im Aussehen des Pferdes, also im Umbau der Nährstoffe aus dem Futter zu Muskeln, Fell und Horn, und in der Nutzung dieser Nährstoffe zur Bewegung, zur Milchproduktion bei Stuten und so weiter.

Von der Krippe in den Magen

Mit ihren beweglichen Lippen können Pferde ihr Futter sehr gut vorsortieren. Sie fressen wirklich nur das, was sie auch fressen wollen, indem Sie es mit den Lippen heraussuchen und, wenn nötig, mit den Schneidezähnen abbeißen. Unbeliebte Kräuter, Steine und auch die mühsam vom Besitzer unters Futter gemischten Tabletten – alles, was dem Pferd nicht gefällt, bleibt auf dem Boden oder in der Krippe liegen. Daher ist es auch nicht so schlimm, wenn sich im Heu Fremdkörper wie beispielsweise kleine Steine befinden – so etwas sortieren Pferde einfach aus.

Ist das Futter erst einmal im Maul, so wird es vom Pferd mit den Backenzähnen recht gründlich gekaut. Von Natur aus ist das Pferd darauf eingerichtet, sich den ganzen Tag lang hälmchenweise sein Futter zusammenzusuchen, und zwar meistens ältere Grashalme, Zweige und Blätter. Also Futtermittel, die recht hart sind und die somit sehr gut gekaut werden müssen. Außerdem enthält dieses Futter viel Rohfaser beziehungsweise Ballaststoffe, wofür ebenfalls viel Kauarbeit erforderlich ist.

Ausreichendes Kauen ist also ein Grundbedürfnis des Pferdes! Um ein Kilogramm Heu zu kauen, benötigt es etwa 40 bis 50 Minuten, für ein Kilogramm ballaststoffarmes Kraftfutter dagegen nur ein Viertel dieser Zeit.

Durch das Kauen wird das Futter zerkleinert – Binsenweisheit! Ziel des Kauens ist es aber nicht nur, ganze Heuhalme in kleinere Stücke zu zerlegen oder Haferkör-

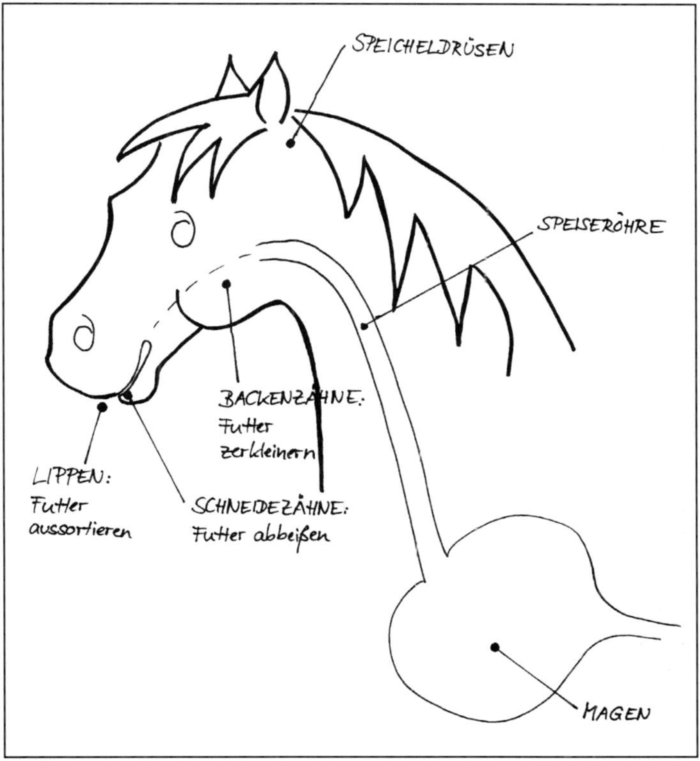

Der Weg von der Krippe in den Magen

ner so zu zermalmen, daß eine größere Oberfläche entsteht und folglich die Verdauungssäfte besser angreifen können. Bereits beim Kauen werden manche Nährstoffe aus dem Futter „herausgequetscht", so daß sie schnell zur Verfügung stehen. Daß langstengeliges Futter zerkleinert wird, ist auch wichtig, damit es die vielen Windungen des Darms problemlos durchwandern kann.

Umgekehrt werden zu kurze Futterteile nicht genügend gekaut und damit auch schlecht verdaut; sie können Verstopfungen im Magen-Darm-Trakt hervorrufen. Deswegen sind sehr kurzgefressene Weiden problematisch – genauso wie Gras, das beim Rasenmähen anfällt.

Beim langen Kauen des Futters wird nicht nur das Kaubedürfnis des Pferdes befriedigt. Ausgiebiges Kauen sorgt auch dafür, daß genügend Speichel gebildet wird, der dann – mit dem Futter vermischt – eine breiige Masse bildet. Speichel enthält außerdem Mineralstoffe und sogenannte Bikarbonate, die wichtig für die richtigen chemischen Verhältnisse im Magen sind.

Sobald das Futter ausreichend gekaut und mit Speichel vermischt ist, wird es heruntergeschluckt und rutscht durch die Speiseröhre. Die Schwerkraft hilft dabei natürlich, aber die Speiseröhre ist auch von einigen kräftigen Ringmuskeln umgeben, die das Ganze nach unten „massieren". Direkt am Mageneingang befindet sich noch einmal ein Muskel, der eine Pförtnerfunktion hat und etwa alle 30 Sekunden eine Portion Futterbrei in den Magen durchläßt.

Insgesamt faßt der Magen des Pferdes übrigens circa 18 Liter. Das hört sich nach sehr viel an, aber wer einmal gesehen hat, wie zwei unschuldige Schaufeln Zuckerrübenschnitzel aufquellen und einen ganzen großen Eimer ausfüllen, der weiß, daß der Magen des Pferdes mit dieser Menge schon voll ist!

Im Magen angelangt

Das Verdauungssystem des Pferdes ist einzigartig, weil im Pferdemagen drei verschiedene Verdauungsvorgänge gleichzeitig ablaufen:

- Im Kardia-Teil vergären Mikroorganismen Stärke.
- Im Fundus-Teil laufen Verdauungsvorgänge bei saurem pH-Wert ab, so daß Eiweiße gespalten werden können.
- Im Pylorus-Teil wirken verschiedene Enzyme ein, die weitere Eiweiße zerkleinern.

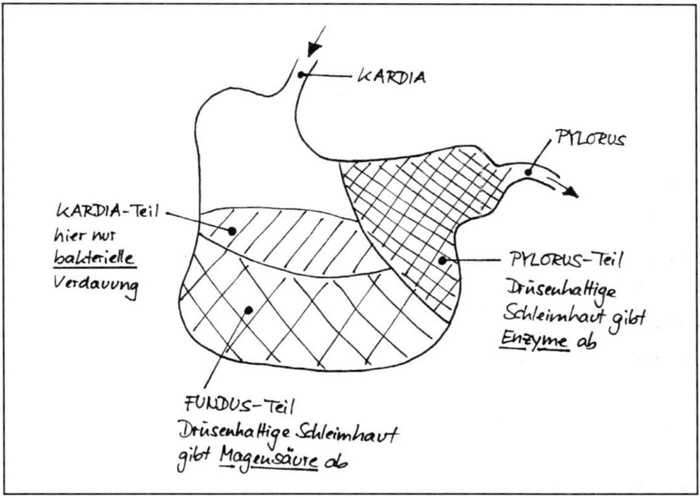

Vorgänge im Pferdemagen

Wenn man diese drei Vorgänge ein wenig näher betrachten möchte, kommt man leider nicht ohne ein bißchen Chemie aus.
Vom pH-Wert haben Sie sicher im Chemieunterricht schon einmal gehört. Stoffe mit niedrigem pH-Wert sind sauer, den Bereich von pH 7 bezeichnen wir als neutral, und pH-Werte von über 7 bis 14 gelten als basisch oder alkalisch. Damit das Ganze noch komplizierter wird, heißen alkalische Flüssigkeiten auch Laugen. Aber

zurück zum Magen, in dem wir es ja in erster Linie mit den Säuren zu tun haben. Wieso das?

Nun, der Begriff „Magensäure" ist jedem von uns geläufig. Vielleicht haben Sie aber auch schon einmal davon gehört, daß Speichel alkalisch ist. Wenn also das Futter gekaut und mit Speichel vermischt wird, ist der im Maul entstehende Futterbrei zunächst einmal alkalisch. Im Magen liegt das Futter geschichtet – das heißt, was zuerst in den leeren Magen gelangt, fällt bis ganz unten, spätere Futterbissen liegen obenauf. Sobald sich Futter im Magen befindet, wird im Fundus-Teil die berühmte Magensäure in den Magen eingeleitet, die hauptsächlich aus Salzsäure besteht – bekannt aus diversen Krimis. Diese Säure sorgt dafür, daß der zuunterst im Magen liegende Futterbrei allmählich immer saurer wird. Allein durch diese Tatsache, also durch die saure Umgebung, können Eiweiße bereits teilweise gespalten werden.

Gleichzeitig sind im unteren Magenteil auch Enzyme aktiv, die ebenfalls Eiweiße spalten. Weiter oben im Magen, wo der Futterbrei noch alkalisch ist, können die Enzyme nicht wirken.

Aber halt – was sind eigentlich Enzyme? Man bezeichnet sie auch als Fermente. Es handelt sich dabei um Moleküle, die die Fähigkeit haben, eine andere Molekülkette an einer bestimmten Stelle anzugreifen und aufzuspalten. Sie sind also sozusagen die Äxte des Verdauungssystems – sie machen aus großen Molekülen kleine Bruchstücke, und zwar meist ganz spezielle Bruchstücke. So gibt es Enzyme, die ausschließlich zwischen zwei bestimmten Aminosäuren angreifen. Andere Enzyme sind vielseitiger, sie werden überall dort aktiv, wo sie eine besondere räumliche Struktur vorfinden. Die wich-

tigsten Enzyme im Magen sind die Pepsine, die Eiweiße in kleinere Bruchstücke spalten.
Im unteren Magenteil, im Fundus- und im Pylorus-Bereich, findet also ein Teil der Eiweißverdauung statt.
Futter, das im Magen weiter oben liegt, ist zunächst noch alkalisch. Somit können sich hier bestimmte Mikroorganismen betätigen. Diese winzig kleinen Bakterien, die für die Verdauung sehr wichtig sind, stürzen sich auf die Stärke im Futter, also auf die leichter verdaulichen Kohlenhydrate. Sie fressen die Stärke, bauen sie zu Einfachzuckern ab und scheiden diese wieder aus. Nun können die Einfachzucker durch die Magenwand direkt in die Blutbahn des Pferdes übergehen.
Wenn das Futter im Magen allmählich nach unten sinkt und sich mit Magensäure vermischt, werden die Bakterien abgetötet. Später werden sie verdaut und dienen als Eiweißquelle.

Vom Regen in die Traufe – Verdauung im Darm

Das Futter bleibt nur etwa eine Stunde im Magen. Es wird in kleinen Portionen an den Dünndarm weitergegeben, der beim Großpferd circa 20 Meter lang ist und etwa 60 Liter faßt, also ungefähr dreimal soviel wie der Magen. Der Futterbrei braucht etwa zwei Stunden, um den Dünndarm von vorne nach hinten zu passieren.
Im Dünndarm findet mit Hilfe von Enzymen eine gründliche Verdauung statt. Diese Enzyme stammen aus der Bauchspeicheldrüse (auch Pankreas genannt), aus Drüsen in der Schleimhaut des Dünndarms und aus der Leber, die Gallenflüssigkeit produziert.
Es ist übrigens nicht wahr, daß Pferde keine Galle haben. Sie haben keine Gallen*blase* – das heißt, daß die

produzierte Gallenflüssigkeit nicht zwischengelagert, sondern ständig in den Dünndarm abgegeben wird. Auch deswegen ist es so wichtig, daß Pferde sich ständig mit Futter beschäftigen können.
Die Enzyme, die am Anfang des Dünndarms aktiv sind, können fast alles. Einige spalten Fette auf (diese Enyzme sind hauptsächlich in der Gallenflüssigkeit enthalten), andere sind für Kohlenhydrate zuständig und wieder andere für Eiweiße. Im Dünndarm sind hauptsächlich Enzyme am Werk, die für ihre Arbeit alkalische Verhältnisse brauchen. Deshalb enthalten die eingeleiteten Verdauungssäfte auch Stoffe, die den sauren Futterbrei aus dem Magen wieder neutralisieren und schließlich alkalisieren.
Im Dünndarm werden Eiweiße aus dem Futter und aus Magenbakterien in Aminosäuren gespalten, die leicht verwertbaren Kohlenhydrate (Stärke und Zucker) werden in Einzelzucker zerlegt, und Fette werden zu Fettsäuren und Glyceriden zerkleinert. Gleichzeitig ist der Dünndarm der Ort, an dem diese Zerkleinerungsprodukte absorbiert werden.

Absorbieren

Das ist ein ganz zentraler Begriff in der Verdauungslehre, den man sich gut merken sollte. Wenn Nährstoffe absorbiert werden, heißt das, daß sie in den Blutkreislauf aufgenommen werden. Damit stehen sie dem Körper zur Verfügung, der aus den Nährstoffen, also beispielsweise aus Einfachzuckern oder aus Aminosäuren, wieder kompliziertere Moleküle aufbauen kann.

Es reicht dem Körper nämlich nicht, daß das Futter im Darm in die einzelnen Nährstoffe aufgespalten wird – diese müssen durch die Darmwand hindurch noch in die Blutgefäße aufgenommen, also absorbiert werden. Hat das Pferd beispielsweise Durchfall, so wird der Nahrungsbrei so schnell durch den Darm geschleust, daß die Zeit für eine umfassende Absorption zu knapp wird. Dann werden die Nährstoffe nicht absorbiert, sondern ausgeschieden – sie landen in den Pferdeäpfeln.
Am Ende des Dünndarms ist also ein Großteil des Futters schon zerkleinert und absorbiert: die Fette, die Eiweiße und die leichtverdaulichen Kohlenhydrate (die Stärke). Die einzigen Nährstoffe, die jetzt noch nicht verdaut sind, sind die schwerverdaulichen Kohlenhydrate, also die Zellulose. Für diese harte Nuß ist der Dickdarm zuständig.
Der Dickdarm gliedert sich in mehrere Abschnitte und faßt insgesamt ungefähr 130 Liter. Es ist wichtig zu wissen, daß der Teil des Dickdarms, den wir als Blinddarm bezeichnen, beim Pferd sehr groß ist und bei der Verdauung eine wichtige Rolle spielt. Im Dickdarm verweilt das Futter am längsten, es kann einige Tage dort bleiben. Nun werden nämlich die Zellulose und andere Kohlenhydrate der Zellwand verdaut, und zwar mit Hilfe von Bakterien. Diese sogenannte mikrobielle Verdauung erfolgt hauptsächlich im Blinddarm, aber auch in den weiter hinten gelegenen Abschnitten des Dickdarms. Die Mikroben (also die Bakterien) fressen die Zellulose und zerlegen sie in kleinere Bruchstücke, vorwiegend in Fettsäuren. Diese Bruchstücke kann das Pferd dann absorbieren und daraus Energie ziehen oder Körpersubstanz aufbauen. Ganz nebenbei produzieren die Bakteri-

en auch noch Gase wie Methan und Kohlendioxid – Auslöser der Winde, die das Pferd dann und wann fahren läßt.

Der Dickdarm enthält auch Bakterien, die Eiweiß verdauen können. Zahlenmäßig überwiegen hier allerdings die Zellulosefresser. Wurde das Eiweiß in den vorderen Darmabschnitten nicht vollständig abgebaut – beispielsweise, weil das Pferd zu viel Kraftfutter mit hohem Eiweißgehalt bekommen hat –, dann kommt im Dickdarm noch Futter für diese Eiweißfresser an, und sie vermehren sich rasch. Das kann das Gleichgewicht zwischen den Bakterien ganz schön durcheinanderbringen, mal ganz abgesehen davon, daß die Eiweißfresser (die Bösen) viel mehr Gase erzeugen als die Kohlenhydratfresser (die Guten). Ein solches Ungleichgewicht im Dickdarm kann also zu Verdauungsproblemen führen.

Die Bakterienflora will gepflegt werden, und ist sie einmal durcheinandergebracht, kann es Tage oder unter Umständen Wochen dauern, bis sie sich wieder eingependelt hat.

Überblick über den Magen-Darm-Trakt

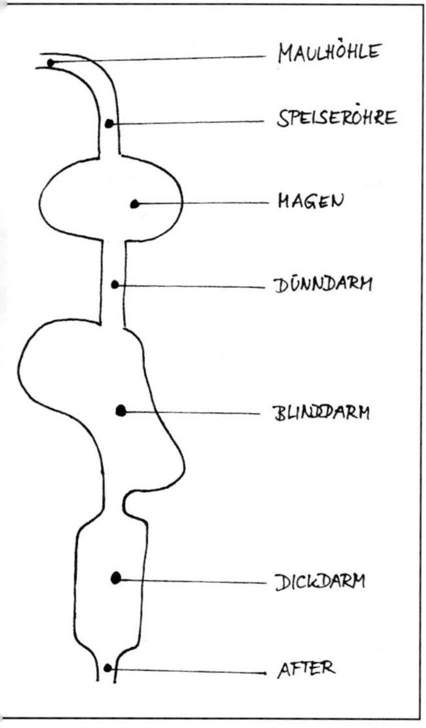

Wohin mit den Resten?
Nun ist vom Futter nicht mehr viel übrig. In den letzten Abschnitten des Dickdarms und später im Mastdarm wird dem restlichen Futterbrei ein Teil des Wassers entzogen, und durch den Einfluß einer Ringmuskulatur formen sich die bekannten Pferdeäpfel.
Der ganze Vorgang von der Futteraufnahme bis zur Produktion der Pferdeäpfel hat zwei bis fünf Tage gedauert.

Rohnährstoffe und verdauliche Nährstoffe

Die Stoffe, die in den Pferdeäpfeln enthalten sind, bezeichnet man auch als unverdaulich. Sie haben den Verdauungsvorgang zwar durchlaufen, sind dabei aber nicht so weit abgebaut worden, daß das Pferd daraus Nährstoffe hätte ziehen können. So ist beispielsweise der größte Teil der Rohfaser unverdaulich. Deswegen findet man in Futtermitteltabellen häufig Angaben wie „verdauliches Eiweiß" oder „verdauliche Energie".
Aber fangen wir von vorne an. Wenn man größere Futterwerttabellen von links nach rechts liest, kommt meist zuerst die Angabe der Rohnährstoffe. Das ist die Nährstoffmenge, die chemisch in einem Futtermittel nachgewiesen werden kann. In einem Kilo Hafer sind beispielsweise ungefähr 120 Gramm Eiweiß enthalten. Die Angaben der Rohnährstoffe sind in den Tabellen mit einem X gekennzeichnet.
Die Abkürzung für Eiweiß lautet P (für Protein). Folglich schreibt man für Roh-Eiweiß XP. Ein Kilo Hafer hat also einen XP-Gehalt von circa 120 Gramm.

Abkürzungen für Rohnährstoffe

Nährstoff	Abkürzung	Bedeutung
Roh-Asche	XA	A = Ash
Roh-Eiweiß	XP	P = Protein
Roh-Fett	XL	L = Lipids
Ballaststoffe (Rohfaser)	XF	F = Fibre
Kohlenhydrate	XX	Zucker und Stärke

Wie bereits erläutert, werden die Nährstoffe, die dem Pferd mit dem Futter zugeführt werden, aber nicht vollständig verdaut beziehungsweise absorbiert. Nur das, was das Pferd tatsächlich verwertet, zählt als „verdaulicher Nährstoff". Zurück zu unserem Beispiel: Hafer enthält zwar 120 Gramm Roh-Eiweiß, aber nur circa 100 Gramm verdauliches Eiweiß – der Rest wird mit den Pferdeäpfeln wieder ausgeschieden, weil er vom Pferd nicht verdaut werden konnte.

Die Abkürzung für verdaulich ist D (für das englische „digestible"). Für „verdauliches Eiweiß" findet man also in den Tabellen die Abkürzung DP.

Ganz wichtig ist die Angabe der Energie, die ein Pferd aus einem bestimmten Futtermittel holen kann – oder mit anderen Worten: der Kalorienwert dieses Futtermittels. Die Abkürzung für diese verdauliche Energie, die in Megajoule (MJ) angegeben wird, lautet DE.

Um bei unserem Haferbeispiel zu bleiben: Ein Kilogramm Hafer hat laut Tabelle einen Gehalt an verdaulicher Energie von 11,5 Megajoule. In der Tabelle steht also kurz und knapp: Hafer – 11,5 MJ DE. Alles klar?!

Natürliches Futteraufnahmeverhalten

Bei der Fütterung von Pferden muß man sich immer vor Augen halten, wie und welches Futter das Pferd in der Natur fressen würde, wenn man es nur ließe ...
Ein Wildpferd bewegt sich circa 18 (!) Stunden am Tag im gemächlichen Schritt über die Steppe und weidet dabei praktisch ständig: hier ein Hälmchen, dort ein Stengel, zwischendurch ein Blatt oder ein Zweig. Da sich viele Tiere das Futterangebot teilen müssen und das Gras nicht zusätzlich gedüngt wird, gibt es in der Regel keinen Futterüberschuß, und das Pferd frißt viele alte Stengel, hartfaseriges Gras, rohfaserreiche Zweige und so weiter mit – was es eben erwischen kann, wählerisch kann es nicht sein.
Die restlichen sechs Stunden verbringt das Pferd mit Schlafen, sozialer Fellpflege, dem einen oder anderen Galöppchen, um einen Herdenkollegen zu ärgern oder ihm auszuweichen, und sonstigen Kontakten mit Artgenossen.
Das Pferd nimmt also den ganzen Tag über kleine Mengen an rohfaserreichem und eiweißarmem Futter auf. Außerdem wird seine Darmtätigkeit durch ständige gemächliche Bewegung unterstützt.
Damit das Futter die vielen Meter Darm durchlaufen kann, muß nämlich etwas nachgeholfen werden. Dazu sind viele Darmabschnitte von Ringmuskeln umgeben, die sich ab und zu zusammenziehen und damit das Futter durch den Darm „hindurchmassieren". Für Liebhaber von Fremdwörtern: Diesen Vorgang bezeichnet man als Peristaltik oder Darmperistaltik. Unterstützt wird er durch Bewegungen des Pferdes, denn auch diese üben

mal hier und mal dort von außen etwas Druck auf den Darm aus und sorgen so dafür, daß der Futterbrei weitergeschoben wird. Wenn sich ein Pferd wenig bewegt, passiert ihm unter Umständen das gleiche wie einem Menschen, der eine weitgehend sitzende Tätigkeit hat: Es kann unter Darmträgheit leiden. Das heißt, der Darmperistaltik fehlt die unterstützende Massagewirkung der körperlichen Bewegung.

Im Zusammenhang mit dem Futteraufnahmeverhalten ist auch die Tatsache wichtig, daß Pferde keine Gallenblase haben. Die Leber produziert ständig kleine Mengen Gallenflüssigkeit und gibt diese an den Dünndarm ab. Das Hauptenzym in der Gallenflüssigkeit ist die fettspaltende Lipase. In den natürlichen Futtermitteln des Pferdes ist nur wenig Fett enthalten. Ständige Futteraufnahme, ständig ein kleines bißchen Fett im Futter und ständige Zufuhr von Gallenflüssigkeit – das paßt wunderbar zusammen.

Im Kraftfutter dagegen, das die meisten Stallpferde von uns bekommen, ist deutlich mehr Fett enthalten. Deswegen wird aber nicht mehr Gallenflüssigkeit produziert – ein Grund dafür, daß große Kraftfuttermengen nicht gut verdaut werden können.

Auf einen Blick: Grundlagen der Pferdefütterung

- Alle Nährstoffe im Futter des Pferdes dienen entweder dem Aufbau von körpereigenen Substanzen oder als Energielieferanten (hauptsächlich für die Bewegung).
- Eiweißmoleküle bestehen aus verschiedenen Aminosäuren. Essentielle Aminosäuren müssen dem Pferd mit dem Futter zugeführt werden, andere kann es selbst aufbauen. Biologisch wertvolles Eiweiß enthält einen hohen Anteil derjenigen Aminosäuren, die der Körper am meisten braucht.
- Der Körper des Pferdes ist eher auf Eiweißmangel eingestellt als auf Eiweißüberschuß; zu viel Eiweiß in der Fütterung kann zu einer Eiweißvergiftung führen.
- Kohlenhydrate sind aus Einfachzuckern aufgebaut. Einfachzucker wie Glukose können direkt in das Blut des Pferdes aufgenommen werden. Der wichtigste längerkettige Zucker ist Stärke, die von Enzymen bereits im Magen verdaut wird und deswegen schnell verfügbare Energie liefert. Der zweite wichtige langkettige Zucker, die Zellulose, wird von Bakterien in den hinteren Darmabschnitten verdaut und steht deswegen erst nach einigen Stunden als Energie zur Verfügung.
- Fette bestehen aus Glycerin und Fettsäuren und dienen vorwiegend als Energielieferanten.
- Pferde können das Futter mit ihren beweglichen Lippen gut sortieren.
- Pferde kauen sehr gründlich, was für eine ausreichende Speichelproduktion wichtig ist.
- Der Magen des Pferdes faßt nur circa 18 Liter, er ist also mit einer größeren Kraftfuttergabe bereits gefüllt.

- Enzyme können die langkettigen Futtermoleküle in kurze Nährstoffmoleküle aufspalten.
- Im Dünndarm wird das Futter mit Hilfe von Enzymen verdaut. Aus leichtverdaulichen Kohlenhydraten (Stärke) entstehen Einfachzucker, Eiweiße werden zu Aminosäuren und Fette zu Fettsäuren und Glycerin abgebaut.
- Die Absorption von Nährstoffen, also die Aufnahme von kleinen Molekülen in das Blut des Pferdes, findet vor allem im Dünndarm statt.
- Im Dickdarm werden nur noch die schwerverdaulichen Kohlenhydrate (Zellulose) sowie überschüssiges Eiweiß verdaut, und zwar mit Hilfe von Bakterien. Das Gleichgewicht zwischen den kohlenhydratfressenden und den eiweißfressenden Bakterien ist schnell gestört, aber schwer wieder aufzubauen.
- Das Futter wird nur zum Teil absorbiert. Die Nährstoffmengen, die chemisch im Futter nachgewiesen werden können, bezeichnet man als Rohnährstoffe. Absorbiert werden nur die verdaulichen Nährstoffe, die in Tabellen folgendermaßen angegeben werden: als DP (verdauliches Protein) in Gramm und als DE (verdauliche Energie) in Megajoule.
- In der freien Wildbahn bewegen sich die Pferde meist im Schritt und nehmen ständig kleine Mengen an rohfaserreichem, eiweißarmem Futter auf.
- Das Verdauungssystem ist auf die ständige Zufuhr kleiner Rauhfuttermengen eingestellt.
- Größere Fettmengen, wie sie beispielsweise mit dem Kraftfutter zugeführt werden, können die Pferde schlecht verdauen. Denn die Gallenflüssigkeit, die Hauptlieferantin für fettspaltende Enzyme ist, wird ständig nur in kleinen Mengen in den Dünndarm eingeleitet.

Mineralien-versorgung

Mineralstoffe, Spurenelemente und Vitamine

Nun haben Sie schon einiges über Nährstoffe und über das Verdauungssystem des Pferdes erfahren, doch ein wichtiger Punkt wurde dabei bisher ausgelassen: die Mineralstoffe. Von ihnen braucht das Pferd nur geringe Mengen, und sie können auch vom Körper gespeichert werden. Nährstoffe wie beispielsweise die Kohlenhydrate werden dagegen als Energielieferanten in großen Mengen und täglich benötigt und fallen somit nicht unter den Begriff der Mineralstoffe.
Einige der wichtigsten Mineralstoffe sind sicher jedem bekannt: Calzium hat zum Beispiel etwas mit Kalk und folglich mit dem Aufbau und der Härte der Knochen zu tun. Natrium ist in Salz enthalten und hält das Wasser im Körper. Und Magnesium ist wichtig, weil es Bestandteil vieler Enzyme ist.
Welche Mineralstoffe es gibt und wozu sie gut sind, ist auf Seite 32 in Form einer Tabelle dargestellt.

Bei den Spurenelementen handelt es sich um eine Untergruppe der Mineralstoffe. Wie der Name schon sagt, sind das chemische Stoffe (also Elemente), die der Körper nur in Spuren benötigt. Aber: Er benötigt sie! Sie

Die wichtigsten Mineralstoffe

Element	Symbol	Haupt-vorkommen	Haupt-aufgabe	Mangel-Erscheinung
Calzium	Ca	Knochen, Blutserum	Skelettaufbau, Herzanregung	Knochenweiche, Knochenbrüchigkeit
Phosphor	P	Knochen, Blut, Gewebe	Skelettaufbau, Bestandteil vieler Eiweiß-körper und Vitamine	Mängel sind nur bei unausgewogenem Ca:P-Verhältnis bekannt. Auf dieses Verhältnis achten!
Natrium	Na	Blut, Schweiß u. a. Körper-säfte, Muskeln	Pufferung im Blut, Wirksam-keit des Magen-saftes	verringertes Wachstum
Kalium	K	Zellen, Muskeln, Blut-körperchen	Quellung der Zellen, arbeitet mit Na zusammen	(in pflanzlichen Futtermitteln stets reichlich vorhanden)
Ma-gnesium	Mg	Knochen, Zähne	Aktivierung von Enzymen, Skelettaufbau	sehr selten
Schwefel	S	Speichel, Horn, Haare	Bestandteil eini-ger essentieller Aminosäuren	sehr selten
Chlor	Cl	Magen	Pufferung im Blut, Bestandteil der Magensäure	sehr selten

(Quelle: Salewski, siehe Seite 191)

müssen also in der Nahrung enthalten sein. Oft können diese Stoffe im Körper nur in kleinen Mengen gespeichert werden, sie müssen also regelmäßig, aber nicht unbedingt jeden Tag zugeführt werden.

Die meisten Spurenelemente werden für das einwandfreie Funktionieren des Stoffwechsels benötigt, also beispielsweise als Baustoffe von Enzymen, für die Funktion der Nerven oder zum Aufbau von Botenstoffen und Hormonen im Körper.

Die wichtigsten Spurenelemente

Element	Symbol	Hauptvorkommen	Hauptaufgabe	Mangel-Erscheinung
Eisen	Fe	roter Blutfarbstoff	Bildung roter Blutkörperchen	Anämie (Blutarmut)
Mangan	Mn	Leber, Muskeln, Knochen, Haut	Bildung roter Blutkörperchen, Knochenbildung, Fortpflanzung	Anämie, Knochenbrüchigkeit
Kupfer	Cu	Blut	Bildung roter Blutkörperchen	Anämie
Kobalt	Co		Bestandteil des Vitamins B12	Teilnahmslosigkeit, Kräfteverfall
Zink	Zn		Bestandteil von Enzymen und von Insulin	
Jod	J	Schilddrüse	Bestandteil des Schilddrüsenhormons Thyroxin	Schilddrüsenfunktionsstörungen

(Quelle: Salewski, siehe Seite 191)

Jetzt fehlen uns noch die Vitamine. Zumindest unter Vitamin C können sich die meisten Leute etwas vorstellen: soll bei Erkältung helfen.
Wozu die einzelnen Vitamine gut sind, zeigt die Tabelle auf der nächsten Seite.

Die wichtigsten Vitamine

Vitamin	Einheit	Hauptvorkommen (im Futter)	Hauptaufgaben (im Körper)	Mangel-Erscheinung
A	I.E.	Leberöl	Anregung des Wachstums, „Schleimhaut-Schutzvitamin"	vermindertes Wachstum, Schleimhautschäden
Carotin, Provitamin A	mg	Grünfutter, Silagen, Möhren, Cobs	Umwandlung zu Vitamin A	Fruchtbarkeitsprobleme
C	I.E.	Grünfutter, Obst	Stoffwechsel der Zellen	erhöhte Anfälligkeit des Immunsystems
D	I.E.	draußen getrocknetes Heu; Bildung in der Haut unter Einfluß von Sonnenlicht	Ausbildung und Erhaltung des Knochengerüstes	Rachitis (Jungpferde), Knochenbrüchigkeit
E	mg	grüne Pflanzen, Körner, Samen	Förderung der Geschlechtsfunktionen	Störungen der Geschlechtsfunktionen
K	mg	grüne Pflanzen, Darmbakterien	Bildung von Blutgerinnungsfaktoren	Störung der Blutgerinnung

(Quelle: Salewski, siehe Seite 191)

Ein Problem bei Mengenangaben von Vitaminen sind die „Einheiten" – ist die Vitaminmenge in Gramm angegeben, oder was bedeuten die geheimnisvollen Abkürzungen? Hier des Rätsels Lösung:

- g = Gramm
- mg = Milligramm, also ein tausendstel Gramm

- ppm = parts per million, also ein millionstel Gramm
- I.E. = Internationale Einheiten, eigentlich die Anzahl der Moleküle. 10.000 I.E. Vitamin A sind also 10.000 Vitamin-A-Moleküle.

Mineralfutter und Ergänzungsfutter

In den so zahlreich angebotenen Ergänzungsfuttermitteln für Pferde sind neben Mineralstoffen meist hauptsächlich Spurenelemente und Vitamine enthalten. Die Werbeslogans versprechen oft Wunder, und das Angebot ist fast unüberschaubar groß, so daß sich wohl jeder Pferdebesitzer schon die Frage gestellt hat: Welches Ergänzungsfutter ist das richtige für mein Pferd?
Eigentlich müßte die Frage übrigens lauten: Braucht mein Pferd überhaupt Ergänzungsfutter? Bei einer einigermaßen ausgewogenen Fütterung wird die Antwort „Nein" heißen, und in 90% aller übrigen Fälle braucht das Pferd ein Standard-Mineralfutter.

Standard-Mineralfutter

Wenn Sie Ihr Pferd ausgewogen füttern, also nicht einseitig mit Kraftfutter, brauchen Sie auch ein ausgewogenes Mineralfutter. Standard-Mineralfutter enthalten circa 15% Ca, 15% Na und 5% P. Bei sehr getreidereichen Rationen entsteht leicht ein Phosphor-Überschuß – deshalb braucht Ihr Pferd in diesem Fall kein „normales" Mineralfutter, sondern ein phosphorarmes. Geben Sie Ihrem Pferd nur Grundfutter, so sind Sie normalerweise mit einem Standard-Mineralfutter gut beraten.

Die auf dem Markt angebotenen Ergänzungsfutter kann man grob in folgende Gruppen unterteilen:

Produktgruppe	Hauptinhaltsstoffe	Argumentation der Anbieter	Bewertung	Alternativen
fürs Fell	Leinsamen (sonnengelb)	Öle sind gut fürs Fell	sehr gut, gibt glänzendes Fell	gebrochener Leinsamen
für die Hufe	Biotin	unterstützt den Aufbau von Hufsubstanz	Dosierung muß hoch genug sein, Zink und Methionin müssen enthalten sein	bessere Hufpflege, sinnvoller Beschlag
für Beine und Gelenke	Gelatine, Vitamin B	Gelatine ist „Kittsubstanz" im Knorpelgewebe	bei unausgewogener Fütterung und anfälligen Pferden sinnvoll	ständige Bewegung im Schritt, also Auslaufhaltung
für Sportpferde	Elektrolyte	Leistungsförderung wegen Gehalt an Na, K, Mg, Traubenzucker	sinnvoll für Hochleistungspferde	einfache Mineralfutter, Zuckerschnitzel, bei starkem Schwitzen Salz (Na)
	Vitamin B, Kupfer, Eisen	Leistungsförderung durch Unterstützung der Bildung von roten Blutkörperchen	bei Mangel an Kupfer und Eisen im Grundfutter sinnvoll	normales, ausgewogenes Mineralfutter
für Jungpferde	Aminosäuren	wichtig für den Aufbau von Geweben	sinnvoll, wenn diese Aminosäuren im Futter zu wenig enthalten sind	Sojaschrot und andere Eiweißfutter

Produktgruppe	Hauptinhaltsstoffe	Argumentation der Anbieter	Bewertung	Alternativen
für Zuchtpferde	Beta-Carotin	das „Fruchtbarkeitsvitamin"	sinnvoll, vor allem um den Decktermin herum	gute Cobs, Möhren (5 kg/Tag), Silagen
für heftige Pferde	Magnesium, Selen, Vitamine	beruhigende Wirkung	beruhigt das Gewissen des Pferdehalters	bessere Haltungsbedingungen schaffen: mehr Auslauf
für Vitalität und Leistung	Algenextrakte	Leistungsförderung wegen Gehalt an Mineralstoffen und Vitaminen	ist nicht gelogen, normalerweise aber auch nicht dringend notwendig	normales, ausgeglichenes Mineralfutter
	Vitamin E, Selen	schützen vor „radikalen" Molekülen	ebenfalls weder gelogen noch dringend notwendig	Boxen-Langeweile abbauen
für die Verdauung	Hefe	Verdauungsförderung wegen Gehalt an Vitamin B und Hefen	anerkannte Wirksamkeit, unterstützt die Darmflora	sinnvoll zur Vorbeugung, vor allem für ältere Pferde
für die Atemwege	Kräuter	je nach Zusammensetzung: schleimlösend, hustenstillend	je nach Krankheitsbild sinnvoll	bei ernsthaften Erkrankungen Tierarzt hinzuziehen!

Um herauszufinden, ob Ihr Pferd ein Mineralfutter benötigt, müssen Sie verschiedene Aspekte berücksichtigen. Zum einen sind das Faktoren, die vom Pferd abhängen:

- **Gewicht:** Ein 200-Kilo-Shetty braucht weniger Mineralstoffe als ein 700-Kilo-Kaltblüter. In Bedarfstabellen sind die benötigten Mengen für bestimmte Körpergewichte angegeben.
- **Alter:** Ein altes Pferd braucht – grob gerechnet – etwa 10 bis 20% mehr Nährstoffe als in der Tabelle angegeben. Das gilt vor allem für Calzium. Fohlen und Jungpferde benötigen für das Knochenwachstum mehr Calzium und Phosphor.
- **Art der Leistung:** Ein Rennpferd braucht viele rote Blutkörperchen und folglich viel Eisen. Eine Milch gebende Stute hat dagegen einen hohen Calziumbedarf, weil in der Milch viel Calzium enthalten ist – und so weiter.
- **Rasse des Pferdes:** Vollblut-Typen mit ihrem intensiven Stoffwechsel benötigen mehr Mineralstoffe als die sogenannten Robustrassen.
- **Besonderheiten:** Kranke Pferde haben oft einen besonderen Bedarf an bestimmten Mineralstoffen – fragen Sie Ihren Tierarzt danach!

Zum anderen hängt es vom Mineralstoffgehalt des „normalen" Futters ab, ob Ihr Pferd zusätzliches Mineralfutter benötigt. Dieser Mineralstoffgehalt kann sehr unterschiedlich sein – je nach Herkunft und Alter des Futters. Was den individuellen Bedarf Ihres Pferdes angeht, sehen Sie in den Bedarfstabellen nach und machen Sie Zu- oder Abschläge für Ihr Pferd. Die durchschnittlichen Nährstoff- und Mineralstoffgehalte von einigen häufig eingesetzten Futtermitteln können Sie ab Seite 48 nachlesen oder beispielsweise den DLG-Futterwerttabellen für Pferde entnehmen.

Mineralfutter ist nicht gleich Mineralfutter – achten Sie auf die Zusammensetzung!

Nun aber zurück zu unserer Frage: Wie finde ich heraus, welches Ergänzungsfuttermittel das richtige für mein Pferd ist?

Bezüglich der Mineralstoffe gehen Sie am besten ganz phantasielos vor und rechnen die Futterration Ihres Pferdes mit Hilfe der Formulare in diesem Buch durch (Leerformular auf Seite 189). Dabei finden Sie nämlich auch heraus, ob ein Defizit oder eventuell ein Überschuß an einem wichtigen Mineralstoff besteht. Stellen Sie auf diese Art Mängel fest, dann wählen Sie ein Mineralfutter, das die entsprechenden Stoffe in den benötigten Mengen enthält.

Wenn bei der bisherigen Fütterung Ihres Pferdes beispielsweise täglich drei Gramm Calzium und fünf Gramm Phosphor fehlten, dann braucht es ein Mineralfutter mit einem Calzium-Phosphor-Verhältnis von 3:5. Wählen Sie zum Beispiel ein Futter, das 18% Ca und 30% P enthält, so müssen Sie Ihrem Pferd davon täglich 17 Gramm verabreichen. (Der Rechengang ist ab Seite 124 ausführlicher erklärt.)

Ähnlich halten Sie es mit den üblichen Spurenelementen und den Vitaminen – ermitteln Sie mit Hilfe der Bedarfstabellen, wieviel Ihr Pferd davon braucht. Anschließend berechnen Sie mit Hilfe der Tabellen über die Inhaltsstoffe von Futtermitteln, wieviel es derzeit davon bekommt. Sollten Sie einen Mangel feststellen, so wählen Sie ein Mineralfutter, das dieses Defizit ausgleichen kann.

Diese nüchterne Betrachtungsweise befriedigt aber vielleicht Ihre Experimentierfreude nicht ganz – oder Sie haben das Gefühl, Ihrem Pferd doch noch etwas Besonderes gönnen zu müssen. Vielleicht wäre ein bißchen Biotin ja ganz gut, oder etwas von dem neuen Futter aus dem Katalog, das das Pferd so ruhig machen soll ... Und außerdem: Die Bedarfstabellen müssen ja nicht stimmen, und in dem speziellen Hafer, den Ihr Pferd bekommt, sind vielleicht viel weniger Vitamine enthalten als in der Tabelle aufgeführt? Das sind beliebte Argumente von Mineralfutter-Verkäufern!

Lassen Sie Ihren gesunden Menschenverstand walten. Haben Sie ein „ganz normales" Pferd, also eines, das weder besonders alt noch besonders jung ist, das weder brüchige Hufe hat noch das Erbe seines etwas „spinnerten" Vollblutvaters allzu deutlich zeigt? Wenn Sie ein solches „normales" Pferd haben, das Sie täglich ein oder zwei Stunden reiten und mit dem Sie vielleicht am Wochenende einmal zu einem Halbtagesritt ins Gelände gehen, dann können Sie Ihren Vierbeiner mit Pülverchen und Mittelchen zuschütten, wenn Sie zu viel Geld haben – aber nötig ist das nicht.

Wissen Sie dagegen beispielsweise aus Erfahrung und/oder von Ihrem Hufschmied, daß Ihr Pferd zu brüchigen

Hufen neigt, dann sollten Sie über ein geeignetes Ergänzungsfutter nachdenken. Aber Vorsicht: Hüten Sie sich davor, nach dem Motto „Brüchige Hufe? Da muß man doch Biotin füttern, oder?" einfach ein Mittel aus dem Katalog zu nehmen. Gerade die Firmen, die solche speziellen Ergänzungsfutter anbieten, beschäftigen meistens auch Fütterungsexperten, die man anrufen und um Rat fragen kann, welches ihrer Produkte sie denn für den speziellen Fall empfehlen würden.

Nutzen Sie diesen Service, denn als Laie können Sie gar nicht wissen, was man alles berücksichtigen muß, um aus den vielen möglichen Biotinpräparaten das richtige auszuwählen – um bei dem Beispiel mit den brüchigen Hufen zu bleiben. Biotin steht nämlich unter anderem in Wechselwirkung mit Zink und mit der Aminosäure Methionin. Haben Sie nun die Fütterung genau im Griff und wissen, daß diese Substanzen, mit denen Biotin in Wechselwirkung steht, ausreichend vorhanden sind, dann können Sie zu einem hochkonzentrierten Biotinpräparat greifen, das wirklich nur Biotin enthält und nicht so teuer ist. Wenn Sie dagegen mehr nach Gefühl füttern und nicht sicher sind, ob die Ration genug von all den Substanzen enthält, die für die optimale Biotinwirkung vorhanden sein müssen, dann wird ein Fütterungsspezialist Ihnen zu einem kombinierten Mittel raten. In einem solchen Produkt sind neben Biotin auch die Substanzen enthalten, mit denen Biotin in Wechselwirkung steht. Das ist etwas teurer, aber sicherer.

Dieses ausführliche Beispiel sollte Ihnen zeigen, daß der Rat von Fütterungsspezialisten wirklich sinnvoll ist – und daß man als Pferdebesitzer dabei immer noch etwas dazulernen kann!

Auf einen Blick: Mineralienversorgung

- Mineralstoffe erfüllen im Körper des Pferdes bestimmte Aufgaben. Die wichtigsten sind Calzium und Phosphor für die Knochen sowie Natrium und Kalium für den Flüssigkeitshaushalt und die Funktion der Nerven.
- Spurenelemente werden in geringen Mengen benötigt und können oft auch im Körper gespeichert werden. Viele davon müssen also nicht jeden Tag zugeführt werden. Wichtige Spurenelemente sind beispielsweise Jod für die Funktion der Schilddrüse oder Eisen für den Aufbau der roten Blutkörperchen.
- Die wichtigsten Vitamine sind Vitamin D, das für Ausbildung und Erhalt des Knochengerüstes mitverantwortlich ist, und Vitamin A, das „Schleimhaut-Schutz-Vitamin".
- Um den Bedarf eines Pferdes an Mineralstoffen, Spurenelementen und Vitaminen zu ermitteln, muß man Gewicht, Alter, Art der Arbeit und Rasse des Pferdes berücksichtigen. Die Bedarfsangaben in Tabellen beziehen sich meistens auf jeweils 100 Kilogramm Körpergewicht.

Die wichtigsten Futtermittel

Die wichtigsten Futtermittel? Na ja – Heu und Hafer, und dann kommt lange nichts ...
So einfach sollten Sie es sich nicht machen!
Wenn Sie nicht stur dem Motto „Das war schon immer so!" folgen, sondern mit Verstand auch einmal etwas anderes füttern möchten als die 08/15-Ration, werden Sie um ein wenig Futtermittelkunde nicht herumkommen. Aber Sie werden feststellen, daß das ein sehr interessantes Kapitel ist!

Grundfutter – Rauhfutter – Kraftfutter

Die Bedeutung dieser Begriffe sollte Ihnen klar sein, bevor Sie sich mit einzelnen Futtermitteln befassen.
Als Grundfutter bezeichnet man alle Futtermittel, die ein Pferd in großen Mengen fressen kann und soll. Sie sollten die Basis seiner Ernährung bilden. Zum Grundfutter zählen beispielsweise Gras und Heu, Maispflanzen und Silagen.
Beim Rauhfutter handelt es sich um Grundfutter mit hohem Rohfaseranteil. Zu dieser Gruppe gehören in erster Linie Heu und Stroh.
Kraftfutter ist durch seinen hohen Energiegehalt definiert. Zu dieser Sparte gehören natürlich die Getreide

wie Hafer und Gerste, aber auch gute Maissilagen oder Cobs können so viel Energie enthalten, daß sie zu den Kraftfuttern gezählt werden müssen.

Frischmasse und Trockenmasse – was ist das?

Den Ausdrücken Trockenmasse (abgekürzt TM) und Frischmasse (abgekürzt FM) begegnen Sie in den Futterwerttabellen ständig. Da werden die Nährstoffgehalte nämlich in „g in der TM", also Gramm in der Trockenmasse, angegeben – aber was soll das heißen?
Die Trockenmasse ist das, was übrigbleibt, wenn ein Futtermittel kein Wasser mehr enthält. Sehen wir uns an, was das zum Beispiel für das Eiweiß im Weidegras bedeutet: Frisches Gras enthält pro Kilogramm ungefähr 30 Gramm Eiweiß. Um ein Kilogramm Trockenmasse zu erhalten, muß man ungefähr fünf Kilo frisches Gras trocknen, denn Gras besteht nun mal zu 80% aus Wasser. Diese fünf Kilo Frischgras enthalten fünfmal 30 Gramm Eiweiß, also 150 Gramm. In dem Kilo Trockenmasse, das man durch Trocknung von fünf Kilo frischem Gras erhält, sind also 150 Gramm Eiweiß enthalten. Also: Ein Kilo Gras-Frischmasse enthält ungefähr 30 Gramm Eiweiß, aber in einem Kilo Gras-Trockenmasse findet man ungefähr 150 Gramm Eiweiß.
Der Unterschied zwischen Frischmasse und Trockenmasse ist logischerweise bei Frischfutter besonders groß. Bei Heu oder Getreide, die ohnehin schon sehr trocken sind, muß man dagegen aus der Frischmasse nicht mehr viel Wasser heraustrocknen, um auf die Trockenmasse zu kommen.

Nun verstehen Sie sicher auch, warum sich die Angaben in den Futtermitteltabellen auf die Trockenmasse beziehen: weil es dann egal ist, wieviel Wasser in der speziellen Silage oder dem speziellen Heu enthalten ist, das Sie füttern. Was zählt, sind die Nährstoffe.
Noch ein Beispiel: Eine durchschnittliche Maissilage enthält pro Kilo Trockenmasse 90 Gramm Eiweiß. Wenn Sie wissen, daß Ihre frische Silage 30% Trockenmasse hat, dann können Sie ausrechnen, wieviel Gramm Eiweiß ihr Pferd aufnimmt, wenn es fünf Kilo dieser frischen Silage frißt – nämlich 135 Gramm Eiweiß. Hat die Silage nur 20% Trockenmasse, so liegt die Eiweißzufuhr nur bei 90 Gramm, wenn das Pferd ebenfalls fünf Kilo frischer Silage frißt.
Mit der nasseren Silage nimmt das Pferd mehr Wasser und damit weniger Nährstoffe auf. Es muß von dieser Silage also mehr Frischmasse fressen, um seinen Nährstoffbedarf zu decken.

Vegetationsstadien von Grünfutter

Bevor wir uns mit Grün- beziehungsweise Frischfutter befassen können, müssen wir noch einmal etwas Begriffsklärung betreiben. Wenn man nämlich beispielsweise den Nährstoffgehalt von Gras aus einer Nährstofftabelle ablesen will, wird man immer mit einigen Fachausdrücken beworfen, die ausdrücken, wie weit eine Pflanze schon gewachsen ist, in welchem Vegetationsstadium sie sich also befindet. In diesem Zusammenhang sind die folgenden Ausdrücke wichtig:

- **Bestockung:** Im Frühjahr bildet eine Graspflanze zunächst ganz unten am Boden eine dichte Rosette und legt dort mehrere Halme an, die noch ganz kurz sind. Dieses Anlegen von Halmen bezeichnet man als Bestockung. Bei Gras möchte man möglichst viele Halme haben, damit die Grasnarbe dicht wird.

- **Schossen:** So heißt das Längenwachstum der Grashalme.
- **Ährenschieben:** Wenn die Grashalme fast ihre Maximallänge erreicht haben, schieben sich zwischen den obersten Blättern langsam die Blütenstände hervor. Egal, ob das Ähren, Rispen oder andere Blüten sind: Man nennt den Vorgang Ährenschieben.
- **Blüte:** Ein Grashalm befindet sich in der Blüte, wenn die Ähre ganz zwischen den obersten Blättern herausgeschoben worden ist und die Staubbeutel aus den einzelnen kleinen Blütchen heraushängen. Sehen Sie einmal genau hin! Grasblüten sind ganz unscheinbar, aber die Staubbeutel sind deutlich zu erkennen. Wenn auf Ihrer Wiese erst wenige Grashalme blühen, hat die Blüte der Wiese gerade erst begonnen. Sind die meisten Grashalme schon wieder abgeblüht, so befindet sich die Wiese am Ende der Blüte.

Wenn das Gras in der Blüte ist, hat es nur noch einen Eiweißgehalt von etwa 12 bis 13%. In jüngerem Gras ist deutlich mehr Eiweiß enthalten.

- **Überständigkeit:** Mit dem Abblühen der Gräser steigt der Rohfasergehalt sprunghaft an, weil die Pflanzen verholzen, also mehr Lignin („Holzstoff") bilden. Gleichzeitig sinkt der Nährstoffgehalt. Deswegen liegt der beste Schnittzeitpunkt für Pferdeheu am Anfang der Blüte: Das Gras ist dann nicht mehr ganz so eiweißreich, aber noch recht energiehaltig. Läßt man das Gras älter werden, dann sinkt der Nährstoffgehalt stark ab. Von überständigem Gras spricht man, wenn alle Halme abgeblüht sind. Die langen Halme, die die Blüten getragen haben, werden dann gelb wie Stroh, und entsprechend niedrig ist auch der Futterwert dieser Halme. Nur unten an der Basis der Graspflanze sind die Blätter noch grün und haben noch mehr Nährwert.

Nachdem diese grundlegenden Begriffe geklärt sind, können wir uns detaillierter mit dem Grünfutter befassen.

Frischfutter

Alle Frischfutterarten zeichnen sich durch einen hohen Wassergehalt aus. Gras enthält beispielsweise ungefähr 80% Wasser, bei Möhren sind es etwa 90%. Trockene und getrocknete Futtermittel wie Getreide oder Heu haben dagegen nur einen Wassergehalt von etwa 20%.
Für alle Frischfutter gilt also, etwas überspitzt formuliert: Hat das Pferd den Bauch voller Frischfutter, so hat es den Bauch voller Wasser. Es muß einen riesengroßen Berg Gras fressen, um die Menge an Nährstoffen aufzunehmen, die es aus zwei Scheiben Heu holen kann!

Aber jetzt wird's erst mal spannend: Hier kommt die erste Nährstofftabelle! Und dazu noch eine lange.

Nährstoffgehalte von Frischfutter (in der Trockenmasse)

Futtermittel	DP (g)	DE (MJ)	Ca (g)	P (g)	Na (g)	übliche TM (%)
Wiese, grasreich						
1. Schnitt, jung*	141	12,4	6,2	4,3	1,0	17
alt**	84	9,7	5,8	3,4	1,0	23
2. Schnitt, jung*	136	10,9	6,0	3,9	1,0	18
alt**	93	8,4	6,0	3,3	1,0	22
Wiese, kleereich						
1. Schnitt, jung*	203	12,7	10,0	4,3	1,0	16
alt**	113	9,8	10,0	3,4	1,0	22
2. Schnitt, jung*	195	11,5	10,5	3,9	1,0	17
alt**	126	8,6	10,5	3,3	1,0	21
Luzerne, in der Knospe	180	11,6	18,9	4,2	0,6	15
Mais, Ganzpflanze						
in der Milchreife	57	11,0	3,6	2,6	0,2	21
Ende der Teigreife	52	12,0	3,2	2,4	0,2	35
Möhren	81	15,1	3,8	3,0	2,9	11
Äpfel	13	14,5	0,7	0,8	0,1	15
Futterrüben	63	13,2	2,6	2,7	3,2	12

* jung: vor dem Ährenschieben ** alt: Ende der Blüte

Viele, viele Zahlen, angeblich sinnvoll angeordnet ... Wenn Sie sich zunächst die oberste Zeile ansehen, können Sie zumindest einmal herausfinden, worum es in der Tabelle eigentlich geht. Die Abkürzung DP kennen Sie: Sie steht für verdauliches Eiweiß. Das kleine g darunter sagt Ihnen, daß die Eiweißmenge in Gramm angegeben wird – und zwar, wie Sie aus der Überschrift wissen, in der Trockenmasse des Futtermittels. Übrigens: Alle Angaben in solchen Futterwerttabellen beziehen sich auf ein Kilogramm des jeweiligen Futtermittels.

Weiter mit der ersten Zeile: Hinter der Abkürzung DE verbirgt sich die verdauliche Energie – Sie erinnern sich: die Kalorien. Ca, P und Na sind die Abkürzungen für Calzium, Phosphor und Natrium. Und der letzten Spalte können Sie entnehmen, von welcher durchschnittlichen Trockenmasse Sie jeweils ausgehen können. Beim Lesen dieser Spalte wird einem beispielsweise klar, warum man so viele Möhren verfüttern muß, damit ein paar Vitamine zusammenkommen: weil Möhren zum allergrößten Teil aus Wasser bestehen ...

Lesen wir als Beispiel noch die Zeile für Mais, Ganzpflanze, in der Milchreife: Laut Tabelle enthält dieser Mais pro Kilogramm Trockenmasse 57 Gramm verdauliches Eiweiß, 11 Megajoule verdauliche Energie, 3,6 Gramm Calzium, 2,6 Gramm Phosphor und ganze 0,2 Gramm Natrium. 21% von diesem Mais sind Trockenmasse, die restlichen 79% sind Wasser.

So geheimnisvoll ist eine solche Tabelle also gar nicht. Sehen wir uns jetzt einmal die verschiedenen Futtermittel an. Zuerst werfen wir immer einen Blick auf den Energiegehalt, dann auf den Eiweißanteil, auf die Mineralstoffe und schließlich auf sonstige interessante Einzelheiten.

Gras und Weide

Gras ist nicht gleich Gras. Frißt das Pferd von einer alten, kaum gedüngten Wiese, auf der die verschiedensten Kräuter und Gräser wachsen? Oder rupft es die Halme von einer neu angesäten und intensiv gedüngten Wiese, die nur drei oder vier Gräserarten bietet? Ist das Gras jung und voller Nährstoffe, oder ist es alt und verholzt? Wächst auf der Wiese viel Klee, der einen wesentlich höheren Eiweißgehalt hat als die Gräser?

Die meisten Gräserarten enthalten viel leicht verdauliche und schnell verfügbare Energie in Form von Zuckern (siehe Seite 12). Je älter die Pflanzen werden, desto mehr werden diese Zucker zu „Holzstoffen" (Ligninen) umgebaut: Der Rohfasergehalt steigt. Die Energie aus Rohfaser kann von den Pferden nur noch teilweise genutzt werden; außerdem ist sie langsamer verfügbar. Der Futterwert von älterem Gras ist also nicht mehr so hoch wie der von jungem Gras.

Daß jüngeres Gras wertvoller ist als älteres, gilt nicht nur bezüglich der Energie, sondern auch in puncto Eiweiß: Gras in „Bierflaschenhöhe" hat einen Eiweißgehalt von 18 bis 20%, Gras in der Blüte enthält dagegen nur noch 12 bis 13% Eiweiß. Zum Herbst hin sinkt der Nährwert von Gras: Junges Septembergras enthält viel weniger Nährstoffe als junges Maigras.

Der Mineralstoffgehalt von Gras ist nicht sehr hoch. Kräuter- und kleereiche Wiesen enthalten mehr Mineralstoffe als reine Grasbestände, vor allem mehr Calzium. Mit den Themen Gras und Weide kann man ganze Bücher füllen. Ein sehr empfehlenswertes Werk ist „Die Pferdeweide" von Jutta von Grone, erschienen im Müller Rüschlikon Verlag.

Pro und contra Gras und Weide

Junges Gras ist reich an schnell verfügbarer Energie und an Eiweiß. Je älter das Gras ist, desto weniger Eiweiß und schnell verfügbare Energie enthält es, und desto höher ist der Rohfasergehalt. Junges Gras ist also für Stuten mit Fohlen oder für hart arbeitende Pferde gut geeignet. Die genügsamen Kleinpferde- und Ponyrassen sollten dagegen möglichst kein junges Gras bekommen, sondern nur älteres – und auch das in Maßen.

Mais

Viele Pferdehalter haben die Möglichkeit, frischen Mais zu verfüttern. In größeren Ställen fährt man dazu mit dem Häcksler hinaus, für ein oder zwei Pferde kann man den Mais aber auch mit der Sichel abmähen und als ganze Pflanze verfüttern. Letzteres hat den Nachteil, daß man danach die harten Stengel wieder aus dem Stall karren muß, weil die Pferde meist nur die Kolben und die Blätter fressen. Und: Wer die Kolben zuerst erwischt hat, hat gewonnen! Weil sich ein Häcksler am Traktor bei kleinen Pferdebeständen nicht lohnt, kann man es mit einem Komposthäcksler probieren, der ganz brauchbare Ergebnisse liefert.

Warum hat übrigens das Pferd gewonnen, das die Kolben erwischt hat? Weil ungefähr 50% der Nährstoffe, die so eine große Maispflanze in sich hat, in den Körnern des Kolbens stecken, und die übrigen 50% sind auf die Blätter und den Stengel verteilt.

Maiskörner liefern in erster Linie Energie, und zwar in Form von Stärke – also relativ schnell verfügbare Energie. Solange die Körner noch weich sind, liegt ein

Teil der Energie in sehr schnell verfügbarer Form vor: als Zucker. In den Blättern und Stengeln ist auch viel Rohfaser enthalten, also Energie, die langsamer freigesetzt wird. Für Mais gilt also anders als für Gras: Je reifer der Mais ist, desto höher ist sein Nährstoffgehalt. Denn mit zunehmender Reife wird mehr Kolbenmasse gebildet, und in die Kolben werden mehr Nährstoffe eingelagert.

Sowohl die Körner als auch die grüne Maispflanze haben einen relativ niedrigen Eiweißgehalt von etwa 8 bis 10%. Wenn Sie sich daran erinnern, daß Pferde mit allzuviel Eiweiß ohnehin nichts anfangen können, dann folgern Sie jetzt messerscharf, daß Maispflanzen sehr gut als Pferdefutter geeignet sind.

Über Mineralstoffe im Mais ist nichts Nennenswertes zu berichten. Gefressen wird Mais von den meisten Pferden sehr gerne – von Ponys sowieso, aber die sollte man beim Mais wegen des hohen Energiegehaltes kurzhalten. Pferde mit hohem Eiweißbedarf wie etwa Stuten mit Fohlen bei Fuß brauchen eine Eiweißergänzung, wenn sie größere Maismengen bekommen.

Körnermais zählt nicht zum Frischfutter und wird deshalb auf Seite 74 besprochen.

Möhren, Äpfel & Co.

Üblicherweise werden Saftfutter wie Möhren oder Äpfel nicht in so großen Mengen verfüttert, daß man sie als regelrechten Bestandteil der Futterration ansehen kann. Am ehesten lohnt sich die Verfütterung noch wegen der Vitamine. Möhren enthalten beispielsweise viel Carotin, das zu Vitamin A umgebaut werden kann. Daher sind sie vor allem für Zuchtstuten um den Decktermin herum empfehlenswert. Äpfel regen die Verdauung an, was bei älteren Pferden sehr erwünscht sein kann. Um diese Wirkungen zu erzielen, muß man aber für ein Großpferd schon ungefähr fünf Kilogramm Möhren oder Äpfel pro Tag verfüttern, und das nicht nur ab und zu.

Wichtig ist, daß man Äpfel nicht im Ganzen verfüttern sollte, weil gierige Pferde sie gerne unzerkaut hinunterschlucken und die Äpfel dann leicht in der Speiseröhre steckenbleiben können. Gleiches gilt auch für Möhren. Aber wenn schon kleinschneiden, dann mit Überlegung: Schneidet man die Möhren oder Äpfel in runde Scheiben, dann können diese genauso leicht steckenbleiben. Am besten schneidet man Äpfel in Spalten und Möhren längs in Streifen.

Saftfutter wie Äpfel und Möhren sollte man nicht im Ganzen füttern, weil sie leicht in der Speiseröhre steckenbleiben können. Füttert man aus der Hand, so läßt man das Pferd abbeißen.

Trockene und getrocknete Futtermittel

Stroh

Stroh besteht aus den trockenen Halmen, die nach der Ernte von den Getreidepflanzen übrigbleiben. Es kann auch getrocknete (Un-)kräuter und (Un-)gräser enthalten. Der Futterwert von Stroh ist recht niedrig, es enthält wenig Energie, kaum Eiweiß und wenig Mineralstoffe. Trotzdem kann es Hauptbestandteil der Futterration von genügsamen Ponys sein! Je nach Pferdetyp und Gesamtration kann man Stroh gezielt verfüttern oder einfach nur mit einkalkulieren, daß die Pferde einen Teil ihres Einstreustrohs fressen.

Nährstoffgehalte von Stroh (in der Frischmasse)

Strohart	Verdauliches Eiweiß (g)	Verdauliche Energie (MJ)
Roggenstroh	15	5,90
Haferstroh	11	5,74
Gerstenstroh	9	5,40
Weizenstroh	9	4,75

Roggenstroh wird normalerweise nur als Einstreu verwendet. Obwohl es von allen Stroharten die höchsten Nährstoffgehalte hat, fressen es die meisten Pferde nicht gerne. Schuld daran sind die hohen Gehalte an Kieselsäure, die das Stroh hart macht, und an Gerbstoffen, die bitter schmecken. Außerdem wächst vor allem im Roggen oft Windhalm, ein Ungras, dessen feine Stengel bei Pferden zu Verstopfungskoliken führen können.
Als klassisches Futterstroh gilt Haferstroh, bei dem aber Vorsicht geboten ist: Hafer reift ungleichmäßig, so daß bei der Ernte oft noch grüne Halme stehen, die einige Tage trocknen müssen. Die dicken Haferhalme brauchen ohnehin lange zum Trocknen. So kommt es bei Haferstroh besonders leicht zu Schimmelbildung. Man-

che Pferde fressen auch die dicken, breiten Haferhalme nicht gerne – Ponys sind da meist nicht so wählerisch.
Gerstenstroh ist recht gut als Futterstroh geeignet, aber auch diese Strohart mögen einige Pferde nicht so gerne, weil die Ähren mit langen Grannen besetzt sind, die am Maul unangenehm piken.
Weizenstroh hat wegen seines hohen Ligningehaltes einen relativ niedrigen Anteil an verdaulichem Eiweiß und Energie. Deshalb wird es selten als Futterstroh eingesetzt, auch wenn es die meisten Pferde gerne fressen.
In Jahren, in denen das Heu knapp ist – beispielsweise nach einem verregneten Sommer –, kann es sich lohnen, Stroh „aufzuschließen". Dazu stapelt man Stroh sorgfältig auf einer Plane und deckt es – ebenfalls mit einer Plane – möglichst luftdicht ab. Je nachdem, was der örtliche Maschinenring anzubieten hat, wird dann gasförmiges Ammoniak oder Natronlauge in den Stapel eingeführt. Die Zugabe dieser Stoffe führt zu einer chemischen Reaktion: Komplizierte Moleküle werden in kleinere Einheiten aufgespalten, die die Pferde besser verdauen können. Dadurch ist der Futterwert des Strohs jetzt höher.
Das ammoniakbehandelte Stroh hat allerdings oft einen stechenden Geruch, der empfindliche Pferde vom Fressen abhalten kann. Stroh, das mit Natronlauge behandelt wurde, enthält sehr viel Natrium. Bekommt ein Pferd solches Stroh, sollte man weitere Futtermittel mit hohem Natriumgehalt wie etwa altes Brot meiden.

Heu

Heu entsteht durch Trocknung der Pflanzen, die auf einer Wiese wachsen. Folglich kann Heu sehr unterschiedlich zusammengesetzt sein. Wenn auf der Wiese

Nährstoffgehalte von Heu (in der Trockenmasse)

Heuart	Verdauliches Eiweiß (g)	Verdauliche Energie (MJ)
Wiese, grasreich		
1. Schnitt, jung*	86	10,9
alt**	51	8,53
2. Schnitt, jung*	87	10,1
alt**	58	8,2
Wiese, kleereich		
1. Schnitt, jung*	123	10,8
alt**	71	8,6
2. Schnitt, jung*	117	10,2
alt**	76	8,3

* jung: vor dem Ährenschieben ** alt: Ende der Blüte

viel Klee wächst, dann enthält auch das Heu viel Eiweiß. Heu aus altem Gras ist weniger nährstoffhaltig als Heu aus jungem Gras, und Heu vom ersten Schnitt hat einen höheren Energie- und meist auch einen höheren Eiweißgehalt als Heu vom zweiten Schnitt (Grummet).
Entscheidenden Einfluß auf die Qualität und den Futterwert von Heu hat auch die Trocknung. In 90% aller Fälle wird man es mit bodengetrocknetem Heu zu tun haben: Das Gras bleibt nach dem Schneiden auf der Wiese liegen und wird dort mehrmals gewendet, damit es besser und gleichmäßiger trocknen kann. Soll es in die bekannten Ballen gepreßt werden – egal, ob kleine oder große –, dann darf es nicht mehr als circa 14% Wasser

enthalten. Andernfalls kommt es zum Nachschwitzen der Ballen und zur Schimmelbildung.
Beim Trocknen kommt es darauf an, den Wassergehalt des Grases schnellstmöglich so zu verringern, daß keine Mikroorganismen (Kleinstlebewesen wie beispielsweise Bakterien) mehr darin leben und keine chemischen Abbauprozesse mehr stattfinden können. Hat man Pech mit dem Wetter, so wird das Heu wieder feucht und braucht insgesamt länger zum Trocknen; außerdem werden durch die Nässe Nährstoffe ausgewaschen. Im Idealfall kann das Heu am zweiten Tag nach dem Mähen eingefahren werden, ohne Regen abbekommen zu haben. Woran erkennt man also gutes Heu? Es soll:

- aromatisch duften, also weder muffig noch staubig riechen.
- eine grünliche Farbe haben: je grüner, desto besser. Gelbliche Färbung deutet darauf hin, daß das Heu Regen abbekommen hat.
- deutlich Stengel und Blätter erkennen lassen, also nicht verklebt oder schmierig sein.
- nicht stauben, wenn man es aufschüttelt.
- auf keinen Fall erkennbare Schimmelstellen oder feuchte Stellen haben. An Schimmelstellen ist das Heu grau verklebt oder von weißen Fäden durchzogen.

In dieser Heuscheibe sieht man deutlich ein helles Schimmelnest und daneben eine dunkle Stelle, die naß geworden ist, so daß sich das Heu zersetzt hat. Solches Heu darf nicht verfüttert werden!

Viele Pferde reagieren auf Schimmel sehr empfindlich. Das Schlimme am Schimmel ist der Staub, also die Schimmelsporen. Sie sind viel kleiner als normale Erdstaubpartikel und werden deshalb bis tief in die Lunge hinein eingeatmet, wo sie Atemwegserkrankungen und allergische Reaktionen hervorrufen können. Heu mit wenigen, vereinzelten Schimmelnestern kann man im Einzelfall unter Umständen verfüttern, wenn man es vorher zwölf Stunden lang in einem Wasserbehälter eingeweicht hat. Dadurch werden die Schimmelsporen gebunden. Trotzdem kann solches Heu noch Verdauungsstörungen und sogar Vergiftungen hervorrufen, weil es Pilzgifte von den Schimmelpilzen enthält.
Heu darf erst ungefähr sechs Wochen nach dem Einfahren verfüttert werden. Wenn es nämlich nicht gerade „staubtrocken" in die Scheune kommt, macht es nach dem Einlagern eine Art Nachgärung durch. In dieser Zeit vermehren sich bestimmte Bakterien und Schimmelpilze, und das Heu erwärmt sich oft und schwitzt. Solches Heu ruft Verdauungsstörungen hervor – es darf also nicht verfüttert werden. Nach vier bis sechs Wochen ist der Nachschwitzprozeß abgeschlossen, und die Bakterien sind großenteils abgestorben. Das Heu kann jetzt verfüttert werden. Je trockener es beim Einfahren war, desto weniger schwitzt es nach und desto weniger Schimmel wird gebildet.

Cobs

Cobs bestehen aus demselben Ausgangsmaterial wie Heu, also aus Wiesengras, Klee oder Luzerne. Der Unterschied liegt im Trocknungsverfahren, denn bei Cobs wird das Gras nach dem Mähen sofort in eine Trock-

nungsanlage gebracht, dort gehäckselt, mit Heißluft getrocknet und schließlich in Form fingerdicker Stäbe gepreßt. Manchmal erhält man das Material auch ungepreßt als „Grünmehl" oder „Trockengrün". Durch die Heißlufttrocknung bleiben viel mehr Nährstoffe erhalten als bei der normalen Bodentrocknung. Wird das Gras außerdem jung genug geschnitten, so sind Cobs vom Eiweiß- und Energiegehalt her häufig bereits als Kraftfutter einzustufen.
Oft werden Cobs in zwei oder drei verschiedenen Qualitätsstufen angeboten. Die qualitativ hochwertigsten enthalten am meisten Eiweiß und Energie, weil sie aus dem jüngsten Gras bestehen. Die preiswerteste Methode besteht darin, hochwertige und somit teurere Cobs einzukaufen und diese mit Futterstroh zu ergänzen. Man darf allerdings nicht auf die Idee kommen, einem auf Sägespäne-Einstreu stehenden Pferd nur noch Cobs anzubieten! Es würde stark unter Rohfasermangel und Langeweile leiden. Viele Pferdehalter beschreiten den umgekehrten Weg: Sie verfüttern Cobs geringer Qualität (oft unter der Bezeichnung Pferde-Cobs auf dem Markt), weil sie im Hinterkopf haben, daß Pferde nicht so viel Eiweiß bekommen sollen, und setzen dazu dann noch normales Heu ein. Auch das ist eine gute Möglichkeit – vor allem, wenn es passieren kann, daß es das Stallpersonal mit der Menge der Cobs nicht so genau nimmt und eventuell von den hochwertigen Cobs viel zu große Mengen verfüttert. Allerdings wird das Ganze so teurer.
In der folgenden Tabelle sind nur hochwertige Cobs erfaßt. Beim Verkauf von Cobs nach Qualitätsstufen werden zumindest die Eiweißgehalte immer mit angegeben, allerdings meist als Rohprotein. Dann haben die Cobs

Nährstoffgehalte von Cobs (in der Trockenmasse)

Cobs-Art	Verdauliches Eiweiß (g)	Verdauliche Energie (MJ)	Ca (g)	P (g)	Na (g)
Gras-Cobs	134	10,7	6,8	4,0	0,8
Klee-Cobs	147	10,6	14,0	2,8	0,5
Luzerne-Cobs	133	9,9	18,8	3,2	0,6

bester Qualität 18 bis 20% XP, die mittlerer Qualität circa 16% XP und die für Pferde um 14% XP. Die Tabelle zeigt deutlich, daß zwischen Gras-Cobs und Klee-Cobs kaum ein Unterschied im Energie- und Eiweißgehalt besteht, sofern die Cobs ihren Namen auch verdient haben, das Futter also jung genug geschnitten wurde. Klee und Luzerne haben allerdings wesentlich höhere Calziumgehalte als Gras, dafür liegt der Phosphorwert bei Gras etwas höher. Cobs haben den Vorteil, daß sie kaum stauben und man sie folglich auch allergischen Pferden geben kann. Die meisten Pferde fressen sie gerne. Für alte Pferde kann man sie gut als Heuersatz verwenden: Wenn man die Cobs eine Stunde in Wasser einweicht, bildet sich ein Brei, den auch das zahnloseste Pferd noch schlabbern kann. Es braucht dann nur noch eine Portion Heu oder Stroh, eventuell in gehäckselter Form, damit der Darm genügend Ballaststoffe bekommt.

Silagen

Seit Silage in Form von Rundballen angeboten wird, können auch Halter von wenigen Pferden die Vorteile dieses Futters nutzen. Allgemein sind Silagen für Pferde mit Stauballergien gut geeignet, denn dieses feuchte Futter staubt absolut nicht. Aber auch alle gesunden Pferde haben gerne mal etwas Feuchtes zwischen den Zähnen. Silage regt die Verdauung stärker an als trokkenes Grundfutter wie Heu. Sie ist also auch für ältere Pferde empfehlenswert, die zu Verstopfungen neigen.

Silageballen müssen luftdicht verpackt sein, damit die konservierende Milchsäure gebildet werden kann.

Für die Nährstoffgehalte von Silagen gilt, was bereits im Zusammenhang mit Gras und Mais erklärt wurde: Hier spielt das Ausgangsmaterial eine entscheidende Rolle. Wie viele Nährstoffe eine Grassilage enthält, hängt davon ab, ob auf der Wiese viel Klee und Kräuter wuchsen oder ob es ein reiner Grasbestand war. Außerdem ist das Alter dieses Ausgangsmaterials wichtig: Gras sollte möglichst jung sein, Mais möglichst ausgereift, damit ein hoher Nährstoffgehalt sichergestellt ist.

In Silagen findet eine Milchsäuregärung statt – das ist der Vorgang, durch den beispielsweise aus Weißkohl Sauerkraut wird. Bestimmte (gute) Bakterien fressen Kohlenhydrate aus dem Gras oder dem Mais heraus und bilden daraus Milchsäure. Sie vermehren sich, bis so viel Milchsäure im Futter ist, daß der ursprünglich neutrale pH-Wert des Futters durch diese Säure in den sauren Bereich rutscht. Dadurch sterben die Bakterien wieder ab. Die gebildete Milchsäure konserviert das nasse

Nährstoffgehalte von Silagen (in der Trockenmasse)

	Verdaul. Eiweiß (g)	Verdaul. Energie (MJ)	Ca (g)	P (g)	Na (g)	übl. TM (%)
Wiese, grasreich, jung (Grassilage)	123	12,0	6,2	4,3	1,0	35
Wiese, kleereich, jung (Grassilage)	161	12,3	10,0	4,3	1,0	35
Mais, Ende der Teigreife (Maissilage)	54	12,0	3,2	2,4	0,2	27
Heulage	84	9,7	5,8	3,4	1,0	50

Futter, in dem sich sonst unerwünschte Bakterien und Schimmelpilze rasant vermehren würden.
Damit das Ganze funktioniert, muß Silage luftdicht eingepackt (Ballensilage) oder im Silo abgedeckt werden. Die „guten" Milchsäurebakterien mögen nämlich keinen Sauerstoff. Die „bösen" Bakterien und Schimmelpilze dagegen können sich nur vermehren, wenn sie Sauerstoff bekommen. Und den bekommen sie, sobald die Folie ein Loch hat! Deswegen muß man Silageballen immer wieder daraufhin überprüfen, ob die Mäuse auch keine Löcher in die Folie gefressen haben. Sobald man die Folie eines Ballens geöffnet hat, muß diese Silage innerhalb von zwei bis drei Tagen aufgebraucht werden.
Wenn sich in der Silage Kadaver von Kleintieren wie etwa Mäusen befinden, kann schon der Verzehr kleinster Mengen aus diesem Silageballen tödlich sein! Die toten Tiere setzen nämlich Botulismusgifte frei, die zu einer tödlich verlaufenden Vergiftung führen. Leider sieht man der vergifteten Silage in der Regel nichts an.

Grassilage

Die Grundlage für die Grassilage ist ebenso wie beim Heu alles, was auf der Wiese wächst. Nach dem Mähen läßt man das Gras höchstens einen Tag lang liegen, damit sich der Wassergehalt von über 80% auf circa 65% reduziert. Deshalb bezeichnen manche Leute Grassilage auch als Anwelksilage. Bei der Ballensilage wird das Gras dann in einer Presse verdichtet und zu einem Ballen geformt, der zum Schluß luftdicht in Folie eingewickelt wird.

Die Gefahr von Nährstoffverlusten während des Trocknens ist also geringer als beim Heu. Außerdem verwendet man für die Silage möglichst junges Futter, das noch viele leichtlösliche Kohlenhydrate enthält – sonst klappt die Sache mit der Milchsäurebildung nicht. So erklären sich die hohen Nährstoffgehalte von Grassilagen. Aber Vorsicht: Grassilagen haben Trockenmassegehalte von circa 35%, ein Pferd muß also etwa drei Kilogramm frische Silage fressen, um die Menge an Nährstoffen aufzunehmen, die in der Tabelle für ein Kilogramm Trockenmasse aufgeführt sind.

Grassilagen haben recht hohe Eiweißgehalte. Der Trockenmasse-Energiegehalt von guter Grassilage ist mit 12 MJ höher als der von Hafer! Grassilagen müssen in der Pferdefütterung also mit Überlegung eingesetzt werden.

Will man Grassilage extra für Pferde aus älterem Gras herstellen, so müssen sogenannte Silierhilfsmittel eingesetzt werden. Häufig benutzt man hierfür Melasse. Das ist ein Abfallprodukt der Zuckerherstellung, das viele leichtlösliche Kohlenhydrate enthält, die den „guten" Bakterien als Futter dienen. Zum anderen verwendet

man Säuren, und zwar meist Propionsäure. Mit Hilfe von Säuren kann man nämlich den tiefen pH-Wert herstellen, den die „guten" Bakterien mögen und der den „bösen" Bakterien die Lebensgrundlage entzieht.
Der Milchsäuregehalt von Grassilage wirkt sich günstig auf die Darmfunktion aus – ein Zusammenhang, den wir vom Sauerkraut her kennen. Wenn die Silage unverdorben ist und gut riecht, wird sie von den meisten Pferden auch gerne gefressen.

Maissilage

Zur Herstellung von Maissilage wird der Mais zunächst gehäckselt. Anschließend verdichtet man ihn auf einem Lagerplatz, um die Luft herauszupressen, und schließlich wird das Ganze luftdicht mit Folie abgedeckt. Ballen-Maissilage gibt es bislang noch nicht. Der Mais wird im Gegensatz zum Gras nicht zum Trocknen liegengelassen. Deswegen ist es wichtig, daß er beim Ernten schon sehr reif und somit trocken genug ist. Je nach Wetter klappt das manchmal nicht – dann gibt es sehr nasse Maissilage, in der sich gerne die falschen Bakterien vermehren. Denn auch Mais muß die Milchsäuregärung durchmachen, damit Silage daraus wird.
Der Energiegehalt von Maissilage ist ebenfalls so hoch wie der von Kraftfutter. Allerdings enthält Maissilage deutlich weniger Eiweiß als Grassilage und ist somit als Pferdefutter wesentlich unproblematischer. Maissilage wird meist auch lieber gefressen als Grassilage. Doch beim Mais ist das Risiko höher, daß er zu naß geerntet wurde. Sehr nasse Silage mögen viele Pferde nicht besonders, und außerdem können sich die „falschen" Bakterien leichter vermehren.

Heulage

Bei dieser ursprünglich britischen Methode wird das Gras so alt geschnitten, als wollte man Heu daraus machen. Es wird auf 50 bis 60% TM heruntergetrocknet, während dieser Wert bei der Silage ja bei circa 65% liegt. Nun preßt man das Material in große Tüten und verschweißt es luftdicht. Oft wird Melasse als Silierhilfsmittel zugesetzt.

Hier verbindet man also die Vorteile des Heus mit denen der Silage: Es entsteht ein nicht zu nährstoffreiches, staubfreies Futter, das die Pferde lieben. Der Nachteil ist der höhere Preis – Heulage lohnt sich eigentlich nur für echte Stauballergiker oder für sehr wertvolle Pferde. Viele Futtermittelhändler lassen auch erst mal stirnrunzelnd ein „Was für'n Zeug?" hören, wenn man sie fragt, ob sie Heulage beschaffen können.

Kraftfutter

Viele Leute denken bei Kraftfutter an die fertigen Futtermischungen, die man in Säcken kaufen kann. Nicht ganz falsch, aber unter den Begriff Kraftfutter fällt eigentlich alles, was einen bestimmten Energiegehalt übersteigt. Das können Mischfutter sein, aber auch Einzelfuttermittel wie bestimmte Getreidearten.

Hafer hat in der Pferdefütterung eine lange Tradition.

Hafer

Hafer ist das klassische Pferdegetreide. Warum eigentlich? Ganz einfach: Alle anderen Getreidearten haben in bezug auf Pferde irgendeinen Nachteil, und mit Hafer kann man noch am wenigsten falsch machen, weil er relativ wenig Eiweiß und Energie, dafür aber verhältnismäßig viel Rohfaser enthält. In Tabellenform sieht das so aus:

Die wichtigsten Nährstoffe der Getreidearten und Einzelfuttermittel (in der Trockenmasse)

	Verdaul. Energie (MJ)	Verdaul. Eiweiß (g)	Rohfaser (g)	Rohfett (g)	Ca (g)	P (g)
Hafer	13,09	97	113	52	1,2	3,6
Gerste	14,6	99	57	27	0,7	3,9
Weizen	15,4	100	30	25	0,6	36
Roggen	15,97	86	28	18	0,6	3,5
Körnermais	15,45	73	26	46	0,4	3,2
Altes Brot	15,6	86	14	30	0,4	2,7
Weizenkleie	11,03	119	134	43	1,5	13,4
Zuckerrübenschnitzel	14,66	41	71	7	2,5	1,1
Sojaschrot	16,78	502	39	13	3,2	8,0
Leinsamen	15,98	186	72	365	2,9	6,2

Ein weiterer Vorteil des Hafers liegt in seinem Fettgehalt: Fett liefert Energie, die langsam frei wird und entsprechend lange vorhält. Wird allerdings viel Hafer auf ein-

mal gefüttert, so kann das Fett nicht gut verdaut werden, weil das Pferd nicht nach Belieben Gallenflüssigkeit produzieren kann (siehe Seiten 21/22).
Zudem enthält Hafer Schleimstoffe, die ihn besonders gut verträglich machen. Diese Schleimstoffe legen sich wie eine Schutzschicht über die Darmwand – nicht umsonst empfiehlt man Magenkranken Haferschleim!
Grundsätzlich können Pferde mit gesunden Zähnen ihren Hafer in ganzen Körnern fressen. Für alte und junge Pferde quetscht man ihn besser. Auch kleine Ponys haben manchmal Schwierigkeiten mit ganzen Haferkörnern, weil die Kauflächen ihrer Zähne so klein sind, daß sie die Körner nicht so ohne weiteres darauf „balancieren" können. Werden ganze Körner nicht ausreichend zerkaut, so können sie auch nicht genügend verdaut werden. Denn die Spelze, also die harte, faserige Kornhülle, schützt den Korninhalt vor den Magensäften.
Oft meint man, ein Pferd habe seinen Hafer nicht richtig verdaut, weil in den Pferdeäpfeln anscheinend noch ganze Körner zu finden sind. Nehmen Sie eine Mistgabel oder eine Schaufel und drücken Sie damit auf ein solches Korn. Tritt eine milchig-teigige Masse aus, so handelt es sich tatsächlich um ein unverdautes Korn. Meistens werden Sie aber feststellen, daß Sie nur eine leere Spelze zusammendrücken, daß der Korninhalt also sehr wohl verdaut wurde.
Gequetschten Hafer oder Haferflocken sollte man nicht länger als fünf Tage aufbewahren, weil sonst Bakterien mit Hilfe des Luftsauerstoffes einen Teil des Nährwertes buchstäblich „aufgefressen" haben. Wenn Sie jeden Tag frisch quetschen, können Sie Ihren Haferbedarf um bis zu 20% senken – vorausgesetzt, Sie füttern recht genau,

wiegen die Ration also ab. Manche Fachleute lehnen gequetschten Hafer allerdings ab, weil die Pferde weniger kauen müssen und somit die Speichelproduktion geringer ist.

Gerste

Gerste ist das Pferdegetreide des Orients: Generationen von arabischen Pferden wurden damit gefüttert. Sie ist energie- und eiweißreicher als Hafer und enthält etwas weniger Rohfaser.

Das Problem bei der Gerste liegt in der Spelze, die bei den europäischen Gerstenarten sehr hart ist. Deswegen können hiesige Sorten nur dann an Pferde verfüttert werden, wenn die Spelze irgendwie beschädigt wurde – durch Quetschen oder Schroten oder durch Hitzebehandlung, also beispielsweise durch Übergießen mit kochendem Wasser und anschließendes Ziehenlassen. Unbehandelte harte Gerstenkörner können von den Pferden nicht gut genug gekaut werden, folglich können sie im Verdauungssystem nicht vollständig verarbeitet werden.

Ein gutes Argument für die Verfütterung von Gerste ist allerdings der Preis: Sie ist oft wesentlich billiger zu haben als Hafer, und man bekommt sie fast überall, weil bei uns viel mehr Gerste angebaut wird als Hafer.

Vorsicht ist bei Gerste dann geboten, wenn Sie dem verbreiteten Laster verfallen sind, Futter nicht nach Gewicht abzumessen, sondern nach Schaufeln. Gerste ist nämlich um einiges schwerer als Hafer. Wenn Sie Ihrem Pferd so viele Schaufeln voll Gerste geben, wie Sie das vom Hafer gewohnt sind, füttern Sie – in Gramm gemessen – 20 bis 30% mehr. Da Gerste ohnehin einen höhe-

So eine einfache Waage sollte in keinem Stall fehlen. Sie brauchen die Ration nicht täglich abzuwiegen, aber einmal pro Woche sollten Sie überprüfen, ob Sie sich beim Füttern noch auf Ihr Augenmaß verlassen können.

ren Energiegehalt hat als Hafer, können Sie Ihr Pferd unversehens mit 30 bis 40% mehr Energie versorgen, als Sie eigentlich vorhatten – Ihr Pferd wäre nicht das erste, das darauf mit einem „völlig unerklärlichen" Kreuzverschlag reagiert.

Weizen

Weizen wurde früher öfters an Arbeitspferde verfüttert. Gefressen wird er von den Pferden gerne, und aufgrund seiner Nährstoffgehalte eignet er sich hervorragend als Energiefutter für schwer arbeitende Pferde. Weizen hat keine Spelze und bereitet wenig Kauprobleme.

Aber Vorsicht: Mit keiner anderen Getreideart können Sie Ihrem Pferd so schnell eine tödliche Kolik anfüttern wie mit Weizen! Das Weizenkorn besteht zum allergrößten Teil aus reiner Stärke, die dank der fehlenden Spelzen-Rohfaser und dank der speziellen Kleber-Eiweiße sehr stark verkleistern kann. In dieser zusammengeballten Form ist die Stärke für die Verdauungssäfte schlecht angreifbar, und deswegen kann sie bis in die hinteren Darmabschnitte gelangen. Dort stürzen sich dann stär-

keabbauende Bakterien auf sie. Normalerweise bekommen diese Bakterien kaum etwas zu tun, weil Stärke recht leicht verdaulich ist und diesen Darmabschnitt gar nicht erst erreicht. Wenn die Bakterien nun unverhofft so einen großen Brocken bekommen, vermehren sie sich stark und erzeugen immer mehr von ihrem Abfallprodukt: Kohlendioxid. Die Folge davon kann sein, daß das Pferd an einer Gaskolik eingeht.
Weizen ist also als Energiefutter für Pferde durchaus einsetzbar, aber mehr als bei jedem anderen Getreide muß man hier darauf achten, mit Verstand zu füttern: mehrmals am Tag kleinere Mengen, nicht nur zweimal täglich die ganze Krippe voll, und genügend Rohfaser.

Altes Brot

Zwischen Weizen und Roggen, die beiden wichtigsten Brotgetreide, möchte ich das alte Brot stellen. Viele Pferdehalter bekommen von sämtlichen Verwandten und Bekannten oder sogar von Bäckereien hartes Brot. Wenn Sie einmal zusammenrechnen, was Sie da verfüttern, werden Sie vielleicht staunen, welche Mengen zusammenkommen!
Vom Nährwert her ist altes Brot mit Weizen zu vergleichen. Es enthält sehr viel Energie, mittelmäßig viel Eiweiß, wenig Rohfaser und Calzium. Man muß es beim Füttern also so ansehen, als würde man Kraftfutter verwenden. Einem Großpferd kann man durchaus mehrere Kilogramm Brot am Tag geben – sofern das Pferd so viel Kraftfutter braucht.
Pferde lieben altes Brot, die meisten fressen sogar Brötchen mit eingebackenen Schinkenwürfeln, obwohl ein Pferd sonst kein Fleisch anrühren würde. Wenn in dem

Brot also Zutaten enthalten sind, die ein Pferd normalerweise nicht fressen würde und auch nicht fressen soll, kann man sich nicht darauf verlassen, daß es das Brot schon verweigern wird, wenn solche „Fremdkörper" drin sind. Dazu schmeckt das Brot drumrum einfach zu gut.
Altes Brot muß getrocknet und trocken aufbewahrt werden, weil es sehr rasch schimmelt. Das Schimmeln ist auch der Hauptgrund dafür, daß immer wieder behauptet wird, man dürfe kein frisches Brot verfüttern. Frisches Brot an sich ist für Pferde nicht schädlicher als für Menschen – auch wir bekommen Bauchweh, wenn wir fünf Scheiben frisches Brot herunterschlingen, weil es gar so gut schmeckt. Da Pferde schwerer sind, können sie etwas mehr von ganz frischem Brot fressen, bevor sie Bauchweh bekommen – aber sie bekommen es!
Der Natriumgehalt von Brot kann wegen des darin enthaltenen Salzes sehr hoch sein. 10 bis 20 Gramm Natrium pro Kilogramm Trockenmasse im Brot sind keine Seltenheit. Wundern Sie sich also nicht, wenn ein Pferd, das viel Brot erhält, auch viel Durst hat.

Roggen
Von den Nährstoffgehalten her ist Roggen als energie- und eiweißreiches Pferdefutter durchaus einsetzbar. Er wird allerdings nicht gerne gefressen, weil das Korn Gerbstoffe enthält, die bitter schmecken. Robuste Ponys lassen sich davon meist nicht so leicht abschrecken, wählerische Typen rühren Roggen oft gar nicht erst an.

Kleien
Kleien sind Nebenprodukte der Mehlherstellung. Für das Mehl wird nur der „Kern" des Getreidekorns ver-

Bei Kleie handelt es sich um die Hüllschichten von Getreidekörnern.

mahlen, also der Mehlkörper, während die Hüllschichten abgeraspelt und als Kleie verkauft werden. Daher haben Kleien auch ihre typische Blättchen- oder Schuppenform. Als Futtermittel wird hauptsächlich Weizenkleie angeboten.

Die äußeren Schichten des Korns enthalten viel Rohfaser und wenig Stärke, so daß man in Kleien weniger Energie, aber wesentlich mehr Rohfaser findet als in den ganzen Getreidekörnern. Auch der Phosphorgehalt der Kleien liegt deutlich über dem des ganzen Getreides. Die Energie aus Kleie stammt großenteils aus Rohfaser und ist daher langsamer verfügbar als die aus Getreide.

Kleie wird man kaum als Einzelfuttermittel verwenden. Am bekanntesten ist Kleie in Form von Kleie-Mash (siehe Seite 160). Manchmal vermischt man auch Kraftfutter mit angefeuchteter Kleie, so daß das Pferd sein Kraftfutter nicht so herunterschlingen kann und etwas mehr Rohfaser zugeführt bekommt.

Kleien sind wasseranziehend und müssen deswegen trocken gelagert werden. Weil sie stark quellen können, sollten sie – ebenso wie Zuckerrübenschnitzel – nur vorgequollen verfüttert werden.

In Fertigfuttermitteln sind oft Getreideprodukte enthalten, deren Namen man sich etwas genauer ansehen muß, um herauszufinden, worum es sich handelt: Grießkleien haben einen etwas höheren Mehlkörper-Anteil als reine

Kleien. Nachmehle und Futtermehle sind praktisch Abfallprodukte der Getreidevermahlung und enthalten weniger Rohfaser als Kleie, dafür aber mehr Stärke.

Zuckerrübenschnitzel

Sie heißen auch Zuckerschnitzel, Trockenschnitzel oder Melasseschnitzel. Dieses Futter entsteht, wenn Zuckerrüben kleingeschnitzelt werden und der Zucker aus ihnen herausgewaschen wird. Die getrockneten Fruchtfleischreste, die noch viel Zucker und Calzium enthalten, sind als Trockenschnitzel erhältlich. Oft kommen sie melassiert in den Handel – das heißt, daß sie mit Melasse angereichert sind. Diese braune, sirupartige Flüssigkeit fällt ebenfalls bei der Zuckerherstellung an. Sie besteht zu ungefähr 50% aus Zucker. Am Nährstoffgehalt der Zuckerschnitzel ändert sich durch die Zugabe der Melasse kaum etwas, auch wenn der reine Zuckergehalt höher ist. Trockenschnitzel gibt es lose, in Form von größeren Krümeln, und als gepreßte Pellets.

Ein Bildvergleich zwischen Cobs und pelletierten Zuckerrübenschnitzeln. Die Cobs sind grüner, faseriger und insgesamt weicher. Die Rübenschnitzel sind grauer und härter, sie lassen sich in Flocken oder Krümel zerlegen.

Zuckerrübenschnitzel sind ein gutes Energiefutter und im Vergleich zu anderen Kraftfuttern sehr eiweißarm. Mit ihnen kann man einem Pferd also Energie zuführen und gleichzeitig den Eiweißgehalt der Futterration niedrig halten. Pferde lieben die Rübenschnitzel wegen des

süßen Geschmacks. Die Hauptenergielieferanten sind leichtlösliche Zucker, so daß die Energie schnell verfügbar ist.
Leider sind Zuckerrübenschnitzel etwas umständlich zu füttern. Man sollte einem Pferd auf keinen Fall mehr als eine Handvoll Zuckerschnitzel geben, ohne diese vorher zwölf Stunden lang in der dreifachen Menge Wasser eingeweicht zu haben. Wer schon einmal gesehen hat, wie Rübenschnitzel in einem Eimer aufquellen, der versteht auch, warum: Wenn dieser Quellvorgang im Magen abläuft statt im Eimer, kann es dem Pferd den Magen zerreißen.
Den Eimer, den man zum Einweichen der Schnitzel verwendet, muß man häufig und gründlich säubern – am besten täglich. Die zuckerreichen Reste der Schnitzel, die an den Eimerwänden klebenbleiben, können nämlich sehr schnell zu gären beginnen. Im besten Fall weigert sich das Pferd dann, die nächste Portion Schnitzel zu fressen, weil es den Gärungsgeruch und -geschmack nicht mag; im schlimmsten Fall frißt es die vergorenen Futterreste mit und handelt sich damit Durchfall oder eine Kolik ein. Besondere Vorsicht ist geboten, wenn es draußen warm ist. Dann sollte man den Eimer, in dem die Schnitzel vor sich hinweichen, an einen kühlen Ort stellen. Je wärmer die Umgebungstemperatur, desto schneller kann es zur Gärung kommen.

Körnermais

Körnermais wird hierzulande recht wenig als Pferdefutter eingesetzt, obwohl er eigentlich mehr Beachtung verdient hätte und beispielsweise in den USA das Standard-Pferdekraftfutter ist. Er hat einen recht hohen Energiege-

halt und enthält relativ viel Fett, so daß die Energie länger vorhält als bei anderen Getreiden. Der Eiweißgehalt ist recht gering. Also – ein ideales Pferdekraftfutter!
Ähnlich wie Gerste ist Körnermais allerdings so hart, daß man ihn nicht ohne Brechen oder Schroten an Pferde verfüttern kann. Normale Hafermühlen der einfacheren Bauart beziehungsweise der unteren Preisklasse können Mais nicht verarbeiten.
Wenn Sie einen guten Futtermittelhändler haben, kann der vielleicht Mais in aufgepuffter Form oder Maisflocken auftreiben. Das hat Vor- und Nachteile, die Sie auf Seite 78 nachlesen können.

Eiweiß-Futtermittel
Bei Pferden besteht zwar eher die Gefahr einer Eiweiß-Überfütterung als die einer Unterversorgung, aber manche Pferdegruppen brauchen tatsächlich zusätzliches Eiweiß – nämlich Milch gebende Stuten und Fohlen.
Soja(extraktions)schrot ist völlig problemlos bei jedem Futtermittelhändler erhältlich. Dabei handelt es sich um das, was von der Sojabohne übrigbleibt, wenn man ihr das Öl entzogen hat: ein Futtermittel mit einem Eiweißanteil von über 50%, einem hohen Energiegehalt, wenig Rohfaser und sehr viel Phosphor. Extraktionsschrote wurden mit Dampf erhitzt, was bedeutet, daß die Nährstoffe gut verdaulich sind (siehe Seite 78). Pferde fressen sie im allgemeinen gerne, so daß man sie durchaus als Einzelfuttermittel in die Krippe geben kann. Für Sojaschrot spricht der hohe Anteil an der wichtigen Aminosäure Lysin. Im Eiweiß der Getreidearten ist relativ wenig Lysin enthalten, so daß Sojaschrot sich gut zur Lysinergänzung eignet, wenn viel Getreide verfüttert wird.

Auch anderen ölhaltigen Früchten wird das Öl entzogen, und die Reste werden als Eiweißfuttermittel verkauft oder als Eiweißträger Mischfuttern beigegeben. Dabei weist die Bezeichnung „Extraktions-..." darauf hin, daß das Öl mit Hilfe von Lösungsmitteln entzogen wurde. Nach dem Herauslösen des Öls wird das Lösungsmittel entfernt, indem man die Schrote mit Dampf behandelt. Diese Dampfbehandlung schließt auch die Nährstoffe auf und zerstört bestimmte „Hemmstoffe", die sonst schädlich wirken oder die Verdaulichkeit des Futtermittels beeinträchtigen können.
Neben den Extraktionsschroten gibt es sogenannte „Expeller", bei denen das Öl im Expellerpreßverfahren gewonnen wurde. Dadurch bleibt etwas mehr Öl im Futtermittel enthalten. Andererseits werden Expeller nicht mit Dampf behandelt, so daß die oben erwähnten Hemmstoffe noch aktiv sind.
Als „Kuchen" bezeichnet man Futtermittel, bei denen das Öl nur ausgepreßt wurde. Der Fettgehalt des Rückstandes ist also noch höher als bei den Expellern, und auch die Hemmstoffe sind noch aktiv.
In Mischfuttern sind meist verschiedene dieser „Rückstände aus der Ölgewinnung" enthalten, wie sie in der Fachsprache heißen. Für die Pferdefütterung sind hier Leinexpeller zu bevorzugen, weil Leinsamen Schleimstoffe enthalten, die sich wie eine Schutzschicht über die Schleimhäute in Magen und Darm legen. In letzter Zeit wird in Kraftfutter häufig auch Sonnenblumenschrot eingemischt. Der Lysingehalt ist lange nicht so hoch wie bei Sojaschrot, und der Schrot kann eine Menge Schalen enthalten, die den Futterwert vermindern. Rapsschrot kann verschiedene Schadstoffe enthalten;

sein Anteil sollte deswegen im Pferdefutter bei höchstens 5 bis 10% liegen, auch wenn er den zweithöchsten Lysingehalt nach Sojaschrot hat.
Wenn im Mischfutter die folgenden Schrote enthalten sind, sollten Sie vorsichtig sein: Erdnußschrot (häufig hoher Gehalt an Aflatoxin, einem Schimmelpilzgift, das die Leber schädigt), Baumwollsaatschrot (enthält häufig giftige Stoffwechselendprodukte von Bakterien und Pilzen), Kokosschrot und Palmkernschrot (geringe Lysingehalte).

Leinsamen

Viele Pferdehalter setzen gerne ganzen Leinsamen ein, weil er in dem Ruf steht, für glänzendes Fell zu sorgen. Diesen Ruf hat er zu Recht, denn er enthält größere Mengen sogenannter ungesättigter Fettsäuren. Sie legen sich wie ein Schutzmantel um die einzelnen Haare und bringen dadurch das Fell zum Glänzen. Auch die Futterwerttabelle zeigt, daß Leinsamen viel Fett und Eiweiß, viel Energie und viel Rohfaser enthält – letzteres wegen seiner Schale. Diese Schale verdient etwas Beachtung: Sie ist so glatt und hart, daß sie den Verdauungstrakt eines Pferdes problemlos überlebt. Da die Leinsamenkörner sehr klein sind, können die Pferde sie schlecht zerkauen. Folglich wird die Schale nicht „angeknackst", und der Leinsamen ist schwer verdaulich. Deswegen wird in letzter Zeit oft

Goldgelber Leinsamen unterscheidet sich von den Inhaltsstoffen her kaum von dunklem Leinsamen.

„gebrochener" Leinsamen angeboten. Er wurde leicht angewalzt, so daß die Schale Sprünge aufweist. Ob es sich um „goldgelben" Leinsamen handelt, also um solchen mit gelber Schale, oder um dunkelschaligen, ist von den Inhaltsstoffen her übrigens ziemlich egal. Lassen Sie sich also nicht den goldgelben Leinsamen zu Phantasiepreisen aufschwatzen.
Leinsamen enthält den Stoff Linamarin, der unter Einfluß von Feuchtigkeit und unter Mitwirkung des Enzyms Linase die giftige Blausäure abspalten kann. Deswegen sollte man pro Pferd und Tag auch nicht mehr als etwa 100 Gramm Leinsamen verfüttern. Beim Abkochen von Leinsamen wird die Linase zerstört. Erwärmt man ihn dagegen nur leicht, so wird Blausäure frei! Feucht sollte Leinsamen weder gelagert noch verfüttert werden, eben weil dann Blausäure freigesetzt werden kann.
Sehr positiv ist der Schleimstoffgehalt von Leinsamen. Besonders bei Pferden mit Magen- oder Darmerkrankungen wirken diese Schleimstoffe günstig: Sie legen sich wie ein Schutzfilm über die Schleimhäute von Magen und Darm.

Extrudiert und aufgepufft

Nicht nur Stroh kann man „aufschließen", sondern auch Getreide und sogar Mischungen aus verschiedenen zerkleinerten oder geschroteten Futtermitteln. Ziel des Aufschließens ist es immer, das Futtermittel besser verdaulich zu machen. Das erreicht man, indem man lange Moleküle in kürzere zerlegt und indem man bestimmte Hemmstoffe, die die Verdauung behindern, zerstört. Meistens wird das durch eine Behandlung mit Dampf erreicht, aber auch trockene Hitze wird eingesetzt.

In Fertigfuttern findet man beispielsweise häufig Popcorn – also nichts anderes als Maiskörner, die in trockener Hitze aufgepufft worden sind. Die langen Stärkemoleküle werden dabei in kürzere Stücke zerlegt, die schneller verdaulich sind. Auch Getreideflocken (Cornflakes!) sind leichter verdaulich als ganze Getreidekörner. Pelletierte Futter wurden häufig extrudiert – das heißt, daß sie mit Druck und Dampf behandelt wurden. Das sieht man den Pellets zwar nicht an, aber sie sind trotzdem besser verdaulich als die Einzelfuttermittel, aus denen die Pellets ursprünglich zusammengemischt wurden. Die bessere Verdaulichkeit ist normalerweise ein Vorteil, vor allem für ältere Pferde, die nicht mehr so gut kauen können, und für Jungpferde. Man sollte aber auch bedenken, daß „aufgeschlossenes" Futter *schneller* verdaut wird, also nicht lange vorhält. Das macht bei einem Rennpferd nichts, das nur eine kurzfristige Leistung erbringen muß – aber wer mit seinem Pferd beispielsweise einen Wanderritt unternehmen will, der sollte besser Futter verwenden, aus dem der Vierbeiner den ganzen Tag lang Energie ziehen kann. In einem solchen Fall ist es also sinnvoll, schnell verdauliche und langsam verdauliche Energiequellen zu mischen.

Fertigfutter

Statt sich mühsam Gedanken darüber zu machen, mit welchem Getreide, welcher Menge Cobs und wie vielen Maiskörnern man sein Pferd am besten füttert, kann man sich auch auf die Fachleute der Futtermittelindustrie verlassen. Die haben am Computer sorgfältig Rationen ausgerechnet und danach Futtermischungen zusammengestellt, die Sie nun beim Futtermittelhändler fertig im Sack kaufen können. Über die Mineralstoffe und Vitamine brauchen Sie sich auch keine Gedanken mehr zu machen, denn die sind in der Fertigmischung bereits enthalten.

Das Problem besteht aber darin, unter den vielen angebotenen Futtermitteln die richtige Wahl zu treffen. Dazu müssen Sie ein paar grundsätzliche Überlegungen anstellen.

Müslifutter mögen die meisten Pferde gern – aber wenn ihnen eine Zutat nicht schmeckt, können sie sie aussortieren.

Müslifutter oder Pellets? Das ist nun wirklich Geschmackssache. Bei einem Müslifutter können Sie sehen, was drin ist – wenn Sie es identifizieren können. Andererseits hat das Pferd die Möglichkeit, Bestandteile auszusortieren, die es nicht mag. Pellets werden häufig noch schneller gefressen als Müslifutter und nicht richtig gekaut, was zu Verdauungsproblemen führen kann. Dafür kann das Pferd hier nichts aussortieren.

Seniorenfutter, Sportpferdefutter oder Ponyfutter – all das gibt es heute auf dem Markt. Wenn Sie die Kapitel über Verdauungsphysiologie und über Nährstoffe aufmerksam gelesen haben, dann wissen Sie auch, wodurch sich diese Futter auszeichnen. Ein Futter für alte Pferde wird aufgeschlossene Futtermittel enthalten, die leicht zu kauen sind, ein ausgewogenes Eiweiß-Energie-Verhältnis und etwas erhöhte Mineralstoff- und Vitamingehalte haben, vor allem mehr Calzium für die alten Kno-

chen. In einem Futter für junge Pferde sind mehr Eiweiß, insgesamt etwas mehr Energie sowie Milchprodukte enthalten, und es weist höhere Mineralstoff- und Vitamingehalte auf. Ein Futter für Zuchtstuten wird sehr eiweißreich sein und einen hohen Anteil an Calzium und Phosphor haben. Ein Ponyfutter wird viel (billige) Rohfaser enthalten, wenig Eiweiß, nicht allzuviel Energie und auch nicht allzu viele Mineralstoffe und Vitamine. Ein Sportpferdefutter wird energiereich sein und einen hohen Gehalt an bestimmten Mineralstoffen und Vitaminen aufweisen.
Inwiefern es für Sie sinnvoll ist, ein solches Spezialfutter einzusetzen, müssen Sie selbst entscheiden. Billiger füttern Sie allemal, wenn Sie die Ration für Ihr Pferd aus Grund- und Kraftfutter selbst zusammenstellen und sich dann das passende Ergänzungsfutter (Mineralfutter) dazu besorgen. Persönlich halte ich die Fertigfutter für Ponys für überflüssig. Die übrigen Spezialfutter haben meiner Meinung nach im Einzelfall durchaus ihre Berechtigung.
Wichtig ist, daß Sie sich nicht von der wohklingenden Beschreibung des Futters beeinflussen lassen, die Ihnen alle möglichen Wirkungen verspricht. Sehen Sie sich den Sackanhänger an: Der informiert Sie darüber, aus welchen Futtermitteln das Kraftfutter zusammengestellt ist (die Komponenten) und wieviel von welchem Nährstoff enthalten ist (die Inhaltsstoffe).

Der Sackanhänger – kein Buch mit sieben Siegeln

In Deutschland müssen Futtermittel halboffen deklariert werden. Was heißt das?
Auf jedem Futtermittelsack *muß* per Aufdruck oder

Sackanhänger angegeben sein, wie das Futter zusammengesetzt ist. „Halboffen“ bedeutet, daß der Hersteller die Inhaltsstoffe genau angeben muß, die Komponenten aber nur dem Namen nach, und zwar angefangen mit der Komponente, von der am meisten enthalten ist. Er braucht also nicht „Hafer 35%, Gerste 20%“ und so weiter auf den Futtersack zu schreiben – das wäre nämlich eine offene Deklaration –, sondern er muß nur „Hafer, Gerste“ und so weiter angeben.

Als erstes ist meistens angegeben, worum es sich bei dem Futter handelt: Einzelfuttermittel (beispielsweise Hafer, Zuckerrübenschnitzel) oder Mischfuttermittel (eine Mischung aus Einzelfuttermitteln), Alleinfutter (zum Beispiel ausgewogene Kraftfutter) oder Ergänzungsfutter (beispielsweise Mineralfutter und Kräuterfutter, die nicht die alleinige Nahrung für ein Pferd darstellen können). Alleinfutter für Pferde gibt es praktisch nicht, weil ein Pferd immer eine Rohfaser-Ergänzung braucht.

Dann kommt normalerweise die Angabe der Inhaltsstoffe. Das dürfte inzwischen kein Problem mehr für Sie sein: Gehalte an Rohprotein, Rohfaser, Rohfett und Rohasche, an bestimmten Mineralstoffen, Spurenelementen und Vitaminen. Leider muß der Energiegehalt bei Pferdefutter nicht deklariert werden! Rufen Sie bei der Her-

Kraftfutter-Werte

Eine typische Kraftfuttermischung für Pferde enthält 12 bis 13% Rohprotein, 2 bis 3% Fett, 12 bis 18% Rohfaser und circa 8% Rohasche.

stellerfirma an und erkundigen Sie sich nach dem Energiegehalt. Wenn sich die Firma zugeknöpft gibt, kaufen Sie woanders! Die meisten Unternehmen sind aber interessierten Kunden gegenüber sehr aufgeschlossen und geben sogar ganze „Datenblätter" ab, auf denen noch viel mehr Analysenwerte stehen als nur die, die unbedingt deklariert werden müssen.

Notfalls kann man den Energiegehalt eines Mischfutters auch schätzen, wenn man die Gehalte an Rohprotein und Rohfaser kennt – siehe Seite 84.

Die nächsten Zeilen der Deklaration verraten Ihnen dann die Komponenten. Das Einzelfuttermittel, das zuerst angegeben ist, ist Hauptbestandteil der Futtermischung. Hier stoßen Sie vielleicht auch auf Futtermittel und Stoffe, die Ihnen noch unbekannt sind.

Extraktionsschrote von Soja, Raps, Sonnenblumen und Lein werden als Eiweißträger eingesetzt. Rapsschrot wird von manchen Pferden nur zögerlich gefressen.

Kleien und Schälkleien bestehen aus den äußeren Hüllschichten des Getreidekorns. Von den Energie- und Eiweißgehalten her ähneln die Kleien dem Hafer, doch sie enthalten mehr Rohfaser, was für die Pferdefütterung ja durchaus erwünscht ist.

Calciumcarbonat ist der üblichste Calziumträger, Natriumchlorid – also einfaches Kochsalz – ist der häufigste Natriumträger in Futtermitteln.

Das Futtermittelrecht schreibt übrigens genau vor, welche Stoffe überhaupt in ein Mischfutter eingemischt werden dürfen und welche auf gar keinen Fall darin enthalten sein dürfen. Es legt beispielsweise auch fest, innerhalb welcher Grenzen die Inhaltsstoffe eines „Ergänzungsfuttermittels für Pferde" schwanken dürfen. Es

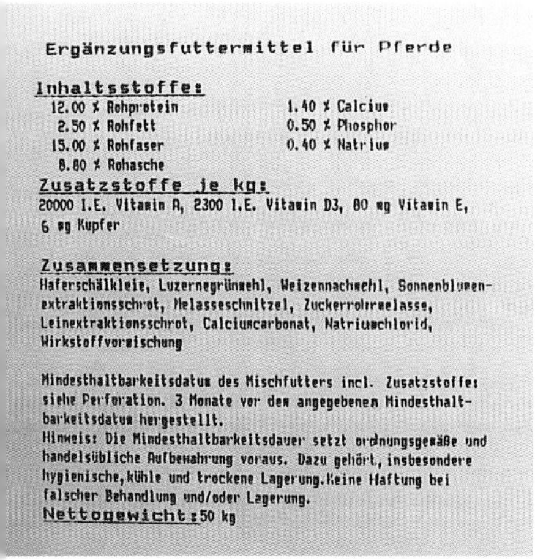
Ergänzungsfuttermittel für Pferde

Inhaltsstoffe:

12.00 % Rohprotein	1.40 % Calcium
2.50 % Rohfett	0.50 % Phosphor
15.00 % Rohfaser	0.40 % Natrium
8.80 % Rohasche	

Zusatzstoffe je kg:
20000 I.E. Vitamin A, 2300 I.E. Vitamin D3, 80 mg Vitamin E, 6 mg Kupfer

Zusammensetzung:
Haferschälkleie, Luzernegrünmehl, Weizennachmehl, Sonnenblumenextraktionsschrot, Melasseschnitzel, Zuckerrohrmelasse, Leinextraktionsschrot, Calciumcarbonat, Natriumchlorid, Wirkstoffvormischung

Mindesthaltbarkeitsdatum des Mischfutters incl. Zusatzstoffe: siehe Perforation. 3 Monate vor dem angegebenen Mindesthaltbarkeitsdatum hergestellt.
Hinweis: Die Mindesthaltbarkeitsdauer setzt ordnungsgemäße und handelsübliche Aufbewahrung voraus. Dazu gehört, insbesondere hygienische, kühle und trockene Lagerung. Keine Haftung bei falscher Behandlung und/oder Lagerung.
Nettogewicht: 50 kg

Ein typischer Pferdefutter-Sackanhänger. Wie man am Eiweiß- und Rohfasergehalt sehen kann, handelt es sich um ein Futter für normal arbeitende Pferde.

kann also niemand ein völlig ungeeignetes Futtermittel auf den Markt bringen. Die Pferdefutter unterscheiden sich in erster Linie durch die Mengen der eingemischten Mineralstoffe, Spurenelemente und Vitamine.

Der Energiegehalt von Fertigfutter (Mischfutter)

Für Leute, die keine Angst vor dem Taschenrechner haben und mathematisch nicht völlig unbedarft sind, gibt es auch eine Schätzformel für den Energiegehalt eines Mischfutters. Voraussetzung ist allerdings, daß man die Gehalte an Rohprotein und Rohfaser kennt. Die Formel ist nur anwendbar, wenn das Futter höchstens 5% Fett, höchstens 18% Rohfaser und höchstens 12% Rohasche enthält. Der berechnete Energiegehalt gilt für ein Futtermittel mit 88% Trockenmasse.
Und hier ist sie, die komplizierte Formel:

$$DE\,(MJ) = 11{,}1 + 0{,}0034 \times XP + 0{,}0158 \times XF - 0{,}00016 \times XF^2\ (g/kg)$$

(Quelle: DLG-Futterwerttabellen Pferde)

Im Ernst: So kompliziert ist die Formel gar nicht, wenn man sie sich einmal genau ansieht.

Also, berechnet wird die verdauliche Energie (DE) in Megajoule (MJ). Zunächst nimmt man die Zahl 11,1 und addiert dazu das, was man herausbekommt, wenn man den Gehalt des Futtermittels an Rohprotein (XP) – in Gramm pro Kilogramm Mischfutter – mit 0,0034 multipliziert. Dazu addiert man den Gehalt des Futtermittels an Rohfaser (XF), multipliziert mit 0,0158. Und zum Schluß zieht man das ab, was man herausbekommt, wenn man den Rohfasergehalt des Futtermittels mit sich selbst und dann noch mit 0,00016 multipliziert.
Einfacher ist es natürlich, beim Futtermittelanbieter anzurufen und sich nach dem Energiegehalt der betreffenden Futtermischung zu erkundigen ...

Untersuchung von Futtermitteln

Eine Futtermitteluntersuchung ist nichts anderes als die chemische Analyse bezüglich bestimmter Nährstoffe. Es gibt Labors, die auf die Untersuchung von Futtermitteln spezialisiert sind. Solche Labors führen diese Analysen nicht nur für irgendwelche Wissenschaftler durch, sondern gegen entsprechende Bezahlung auch für jeden Pferdehalter, der sich die Mühe macht, eine Probe einzuschicken und dazuzuschreiben, was er gerne analysiert haben möchte. (Adressen finden Sie auf Seite 190.)
Warum sollten Sie das Futter Ihres Pferdes analysieren lassen? Nun, gerade bei den Grundfuttermitteln können die Nährstoffgehalte ja sehr unterschiedlich sein – abhängig davon, wie alt das Futter war, als es geschnitten wurde. Wenn Sie sich also so gut auskennen, daß Sie einem Ballen Heu ansehen, ob das Heu gegen Anfang oder ge-

gen Ende der Blüte geschnitten wurde und ob es klee- oder grasreich ist, dann können Sie durchaus mit Tabellenwerten arbeiten. Meist wird man das Alter des Futters aber nicht ohne weiteres erkennen können. Dann ist es beispielsweise bei Heu sinnvoll, zumindest die Gehalte an Trockenmasse, Rohprotein und Rohfaser untersuchen zu lassen, so daß Sie dann den Energiegehalt errechnen können. Außerdem ist es empfehlenswert, die Calzium- und Phosphorwerte analysieren zu lassen.
Sehr sinnvoll sind Futtermitteluntersuchungen auch dann, wenn Sie glauben, daß ein bestimmtes Futter bei Ihrem Pferd eine Erkrankung hervorgerufen hat, oder wenn Sie ein Fertigfutter beim Hersteller reklamieren wollen, weil Ihr Pferd beispielsweise trotz sorgfältiger Rationsberechnung immer mehr abgemagert ist und Sie vermuten, daß im Futter ungesunde Komponenten enthalten sind.

Probenahme

So wissenschaftlich der Ausdruck klingt und so wichtig die Technik der Probenahme für den Erfolg der Analyse ist, so banal ist die Ausführung. Wenn Sie von einem Futter, das Sie analysieren lassen wollen, eine Probe nehmen, müssen Sie darauf achten, daß Sie einen „repräsentativen Querschnitt" bekommen. Wollen Sie also zum Beispiel Ihr Heu untersuchen lassen, dann genügt es nicht, die Probe aus einem einzigen Ballen zu nehmen. Sie sollten aus mindestens 10% der Ballen jeweils eine Handvoll Halme holen und diese vermischen. Von dieser Mischprobe füllen Sie ungefähr ein Kilogramm in eine saubere Plastiktüte (Gefrierbeutel sind wunderbar dafür geeignet), die Sie nun dicht verschließen.

Für die Probenahme aus Silostöcken oder Silageballen gibt es spezielle „Bohrstöcke". Ohne ein solches Gerät ist es sehr schwierig, hier Proben zu nehmen. Erkundigen Sie sich, wo es in Ihrer Nähe ein Landwirtschaftsamt, eine Landwirtschaftskammer, einen Futtermittel-Prüfring oder einen Fütterungs-Beratungsring gibt. In solchen Institutionen gibt es immer auch Fütterungsberater, bei denen man einen Bohrstock ausleihen kann.

Offizielle Probenahme
Wenn Sie ein Futter reklamieren und zu diesem Zweck eine Analyse vornehmen lassen wollen, sollten Sie immer eine der oben aufgeführten Stellen mit einschalten. Von dort schickt man Ihnen dann einen offiziellen Probenehmer, der die Futterprobe selbst zieht, verpackt und zur Analyse wegschickt. Im Normalfall nimmt er vier Proben, von denen nur eine zur Analyse eingeschickt wird; die anderen werden versiegelt und für eventuelle Gegenuntersuchungen aufgehoben. Bei der Probenahme muß mindestens ein Zeuge anwesend sein. Ohne offizielle Probenahme hat Ihre Reklamation wenig Aussicht auf Erfolg.

Was soll untersucht werden?
Ihrer sorgfältig eingetüteten Probe legen Sie ein Schreiben bei, aus dem eindeutig zu entnehmen ist, was Sie untersucht haben wollen. Welche Untersuchung bei welchem Futtermittel sinnvoll ist, können Sie der Tabelle auf der nächsten Seite entnehmen.

Bei Stroh schwanken die Nährstoffgehalte beispielsweise kaum, deswegen genügen hier praktisch immer die

Futtermittel-Untersuchung

(x = Untersuchung sinnvoll, T = Tabellenwerte reichen in der Regel aus)

Futtermittel	Trocken-masse	Roh-protein	Roh-faser	Roh-asche	Cal-zium	Phos-phor
Heu	x	x	x	x	x	x
Grassilage	x	x	x	x	x	x
Maissilage	x	T	x	T	T	T
Stroh	T	T	T	T	T	T
Gras, Klee u. ä.	T *	T *	T *	T *	T *	T *
Getreide	x	T	x	T	T	T
Mischfutter	T	x **	x **	x **	x **	x **

* Vegetationsstadium beachten – zum Beispiel Anfang der Blüte, Ende der Blüte etc.

** Mischfutter kann man gelegentlich untersuchen lassen.

(Quelle: Salewski, verändert, siehe Seite 191)

Tabellenwerte. Bei Maissilage liegt bei einem bestimmten Trockenmassegehalt in der Regel auch ein bestimmter Rohproteingehalt vor, so daß sich die Untersuchung auf Rohprotein erübrigt. Bei Heu können die Nährstoffgehalte so stark schwanken, daß eine Analyse immer empfehlenswert ist.

Eigene Untersuchungen

Eine einfache Untersuchung können Sie selbst durchführen, wenn Sie wissen, wie der Backofen Ihres Küchenherdes zu bedienen ist: die Untersuchung auf den Trockenmassegehalt. Wollen Sie diesen Gehalt beispielsweise bei einer Silage bestimmen, so nehmen Sie eine Mischprobe der Silage mit nach Hause. Wiegen Sie genau ein Kilogramm dieser Silage in den Behälter ein, den Sie später in den Backofen stellen wollen. Stellen Sie den Backofen auf 100 °C ein, schieben Sie den Behälter hinein und lassen Sie ihn drei bis vier Stunden im Ofen. Sinn der Sache ist es, daß das Wasser aus der Silage verdampft. Sie dürfen also die Backofentüre ruhig ab und zu öffnen, damit der Wasserdampf entweichen kann. Wenn Sie merken, daß sich an der Innentüre des Ofens kein Dampf mehr niederschlägt, nehmen Sie die Silageprobe heraus. Wiegen Sie sie ab und notieren Sie sich das Gewicht. Stellen Sie die Probe danach noch einmal für eine halbe Stunde in den Ofen und wiegen Sie sie dann erneut. Wenn das Gewicht bei beiden Messungen identisch ist, dann war die Probe vollständig getrocknet. Nehmen wir an, Ihre Ein-Kilo-Silageprobe wiegt nach dem Trocknen im Ofen noch 330 Gramm. Dann beträgt der Trockenmassegehalt Ihrer Silage 33%.

Auf einen Blick: Die wichtigsten Futtermittel

- Als Grundfutter bezeichnet man Basisfuttermittel wie etwa Gras und Heu, Mais und Silagen. Rauhfutter wie zum Beispiel Stroh sind Grundfutter mit hohem Rohfaseranteil. Futtermittel wie Getreide oder gute Silagen, die einen bestimmten Energiegehalt überschreiten, gelten als Kraftfutter.
- Die Nährstoffgehalte von Futtermitteln werden meist in der Trockenmasse angegeben. Trockenmasse (abgekürzt: TM) ist das, was übrigbleibt, wenn man ein Futtermittel so lange trocknet, daß es kein Wasser mehr enthält. Frischfutter wie Gras haben also einen hohen, getrocknete Futter wie Heu dagegen einen niedrigen Trockenmassegehalt.
- Das wichtigste Frischfutter ist Gras. Älteres Gras enthält weniger Nährstoffe als junges, Gras im Herbst ist weniger nährstoffreich als Gras im Frühjahr. Klee und Luzerne enthalten mehr Eiweiß und Calzium als Gräser.
- Frischen Mais füttert man am besten gehäckselt, weil sonst die Stengel übriggelassen werden. Ungefähr die Hälfte aller Nährstoffe einer Maispflanze stecken in den Kolben. Je reifer der Mais ist, desto höher ist sein Nährstoffgehalt. Mais ist relativ arm an Eiweiß.
- Saftfutter wie Möhren und Äpfel enthalten sehr viel Wasser. Möhren haben einen hohen Carotingehalt, der die Vitamin-A-Bildung unterstützt, und Äpfel regen die Verdauung an.
- Roggenstroh hat von allen Stroharten die höchsten Nährstoffgehalte, enthält aber viel Kieselsäure und Gerbstoffe und wird daher nicht gerne gefressen. Haferstroh mögen die Pferde, es ist aber besonders schimmelgefährdet. Gerstenstroh gilt als gutes Fut-

terstroh. Weizenstroh wird meist gerne gefressen, hat aber geringe Nährstoffgehalte.

- Der Nährstoffgehalt von Heu kann sehr unterschiedlich sein, je nach Gras und nach Art der Trocknung. Zu feuchtes Heu schimmelt in der Scheune. Die winzigen Schimmelsporen werden viel tiefer in die Lunge eingeatmet als Erdstaub und können deswegen zu Atemwegserkrankungen und Allergien führen.
- Cobs bestehen aus demselben Ausgangsmaterial wie Heu, aber hier wird das Gras mit Heißluft getrocknet. So bleiben mehr Nährstoffe erhalten.
- In Silagen führen „gute" Bakterien eine Milchsäuregärung durch. Dazu muß das Futter luftdicht gepreßt und abgedeckt sein. Die Milchsäure konserviert das nasse Futter. Silagen werden gerne gefressen und haben den Vorteil der Staubfreiheit. Für Grassilage wird junges Gras verwendet, sie hat also recht hohe Nährstoffgehalte. Für Maissilage muß der Mais reif und somit trocken genug geerntet werden. Der Energiegehalt ist so hoch wie der von Hafer, aber Mais enthält weniger Eiweiß. Maissilage ist deswegen unproblematischer als Grassilage. Heulage ist eine Art Grassilage aus älterem Gras, also ein ideales Pferdefutter, das allerdings teuer ist.
- Als Kraftfutter bezeichnet man alle Futter, die einen bestimmten Energiegehalt übersteigen. Hafer enthält im Vergleich zu anderen Getreidearten relativ wenig Energie und Eiweiß, ist aber fett- und rohfaserreich. Gerste ist energie- und eiweißreicher als Hafer. Wegen der harten Spelzen muß sie gequetscht oder grob geschrotet verfüttert werden. Weizen ist als Pferdefutter geeignet, aber bei der Verfütterung größerer Mengen besteht die Gefahr, daß unverdaute Stärke bis in die hinteren Darmabschnitte ge-

langt und dort unter enormer Gasentwicklung von Bakterien verdaut wird. Roggen wird aufgrund seines Gerbstoffgehaltes meist nicht gerne gefressen. Körnermais ist energiereich und eiweißarm und somit als Pferdefutter sehr gut geeignet. Er muß aber zum Verfüttern im Normalfall gequetscht oder gebrochen werden.

- Trockenschnitzel sind Reste von Zuckerrüben und entsprechend zuckerreich, also ein Energiefutter. Vor dem Verfüttern müssen sie unbedingt in Wasser vorgequollen werden. Vergorene Reste von Zuckerschnitzeln können zu Koliken führen.
- Um die Energie schneller verfügbar zu machen, kann man Futtermittel mit Hitze oder mit Dampf teilweise aufschließen.
- In Fertigfuttermischungen sind bereits alle nötigen Mineralstoffe und Vitamine enthalten. Pellets werden oft zu schnell gefressen, bei Müslifuttern kann das Pferd aussortieren, was es nicht mag. Es gibt Spezialfutter für Sportpferde, Jungpferde, Zuchtpferde, alte Pferde und Ponys, die teilweise sinnvoll sind. Man sollte sich anhand des Sackanhängers darüber informieren, aus welchen Futtermitteln das Fertigfutter zusammengestellt ist und welche Nährstoffe es in welchen Mengen enthält.
- Bei vielen Futtermitteln ist es empfehlenswert, die Nährstoffe in einem Labor untersuchen zu lassen. Eine einfache Untersuchung auf Trockenmasse kann man selbst im Backofen durchführen.

Praktische Fütterung

Jedes Pferd muß seinen individuellen Bedürfnissen entsprechend gefüttert werden.

In diesem Kapitel wollen wir ermitteln, wie viele Nährstoffe ein Pferd braucht und wie man sie ihm am besten füttert.
Die Menge der benötigten Nährstoffe, Mineralstoffe und so weiter hängt, wie Sie schon wissen, von verschiedenen Faktoren ab:

- Gewicht
- Art und Umfang der Arbeitsbelastung
- Alter
- Rasse
- sonstige Besonderheiten

Fangen wir mit dem Gewicht an.

Wieviel wiegt mein Pferd?

Am besten ist es natürlich, wenn Sie die Möglichkeit haben, Ihr Pferd zu wiegen. Größere landwirtschaftliche Betriebe haben manchmal Fuhrwerkswaagen, die auf zehn Kilogramm genau wiegen – für ein Pferd ist das genau genug. Auch beim Futtermittelhändler gibt es vielleicht eine solche Waage, die Sie einmal benutzen dürfen und zu der Sie eventuell sogar hinreiten können. Wenn Sie Ihr Pferd im Hänger dorthin transportieren müssen, wiegen Sie zunächst den Hänger mit dem Pferd darin und dann bei nächster Gelegenheit den leeren Hänger. So brauchen Sie nicht in fremder Umgebung auszuladen.
Mit ein wenig Übung kann man das Gewicht des Pferdes aber auch schätzen, wenn man ein paar Faustzahlen parat hat.

Durchschnittliche Körpergewichte von Pferden

Rasse	Durchschnittliches Gewicht in kg
Shetlandpony	150 – 250
Deutsches Reitpony	300 – 350
Isländer	400 – 450
Araber	450
Haflinger	460
Norweger (Fjordpferd)	480 – 500
Englisches Vollblut	450 – 520
Quarter Horse	530
Deutsches Warmblut	550 – 650
Deutsches Kaltblut	700 – 740

(Quelle: Meyer 1986, siehe Seite 191)

Wieviel arbeitet mein Pferd?

Das ist eine ewige Streitfrage ... Fast alle Reiter machen den Fehler, die Arbeitsbelastung ihrer Pferde höher einzuschätzen, als sie wirklich ist. Was in den Tabellen als „Erhaltungsbedarf" angegeben ist – also als das, was das Pferd zum Überleben braucht –, schließt die „Bewegung zur Gesunderhaltung" mit ein. Und Pferde sind Bewegungstiere!

Wenn Sie Ihr Pferd also laut Tabelle nach Erhaltungsbedarf füttern, ist dabei schon einkalkuliert, daß es sich einige Stunden lang im Schritt über eine Weide oder einen

Paddock bewegt und dabei auch das eine oder andere Galöppchen hinlegt, um eine Rangstreitigkeit mit einem anderen Herdenmitglied zu klären. Oder anders ausgedrückt: Wenn Ihr Pferd den ganzen Tag in einer Box steht und Sie es täglich eine Stunde gemütlich im Gelände reiten, dann brauchen Sie auch nur für den Erhaltungsbedarf zu füttern.

Reiten Sie dieses Boxenpferd allerdings täglich eine Stunde dressurmäßig oder über Sprünge, dann ist das schon anstrengender, und Sie dürfen den Tabellenwert für „leichte Arbeit" wählen. Als „leichte Arbeit" kann man es auch einstufen, wenn ein Pferd in einer Gruppen-Auslaufhaltung untergebracht ist und täglich noch eine Stunde unterm Sattel gehen soll.

Je schneller sich das Pferd bewegt, desto höher wird sein Energiebedarf. Legt ein Großpferd beispielsweise einen Kilometer im Schritt zurück, so benötigt es dafür etwa 1 MJ DE, während es für dieselbe Strecke im Galopp ungefähr 2,3 MJ DE braucht.

Ob ein Pferd leichte oder mittlere Arbeit leistet, hängt also nicht nur von der Dauer des täglichen Reitens ab, sondern auch von der Art der Leistung, die das Pferd dabei erbringt.

Wie Sie in der folgenden Tabelle sehen können, müssen Sie mit Ihrem Pferd ganz schön was tun, um mit Recht behaupten zu können, daß es mittlere Arbeit leistet! Die meisten Wochenendreiter sind gut beraten, wenn sie bei ihren Pferden lediglich vom Erhaltungsbedarf ausgehen. Zu dicke Pferde oder solche, die gar nicht wissen, wohin mit ihrer überschüssigen Energie, sieht man viel häufiger als zu magere oder zu ruhige Pferde!

Kriterien für die Arbeitsbelastung von Pferden

Belastung	Einstufung
• Haltung im Gruppenlaufstall mit zwei Ausritten am Wochenende • Boxenhaltung mit täglich einer Stunde ruhiger Arbeit	Erhaltung
• Haltung im Gruppenlaufstall mit täglich einer Stunde ruhiger Arbeit • Boxenhaltung mit täglich einer Stunde intensiven Dressur-, Spring- oder Fahrtrainings	leichte Arbeit
• tägliche Ausritte von zwei bis drei Stunden mit insgesamt circa 30 Minuten Galopp • tägliche einstündige intensive Dressur- oder Springarbeit plus mehrmals wöchentlich Ausritte • intensive Dressur- oder Springarbeit vier- bis fünfmal pro Woche plus Turnier am Wochenende • tägliches intensives Fahrtraining in hügeligem Gelände plus Geländefahren am Wochenende	mittlere Arbeit
• Wanderritte mit täglich sechs bis acht Stunden ruhiger Arbeit • tägliche Ausritte von drei bis vier Stunden Dauer mit insgesamt circa 45 Minuten Galopp • täglich zwei bis drei Stunden intensive Dressurarbeit und/oder Springarbeit • Planwagentouren in hügeligem Gelände oder ganztägige Ackerarbeit	schwere Arbeit

Bei der Offenstallhaltung ist man oft versucht, dem Pferd noch eine Schaufel Kraftfutter extra zu geben, weil es ja so viel herumläuft ... Denken Sie daran, daß dieses Herumlaufen grundsätzlich dem Erhaltungsbedarf zuzurechnen ist. In der kalten Jahreszeit kann es bei Temperaturen unter minus 10 °C allerdings gerechtfertigt sein, solchen Offenstallpferden eine kleine Zusatzportion Kraftfutter zu füttern, denn sie brauchen tatsächlich

Richten Sie sich beim Füttern nicht nur nach Zahlen und Nährwerten, sondern vor allem nach dem Aussehen und Befinden Ihres Pferdes. Bei diesem 26 Jahre alten Ponywallach stehen die Beckenknochen deutlich vor, die Rippen sind selbst durch das Winterfell hindurch zu sehen.

mehr Energie, um ihren Körper zu heizen. Wenn Sie Pferde im Offenstall halten, die kein sonderlich dickes Winterfell ausbilden, müssen Sie darauf besonders achten. Solche Pferde können bei Minusgraden durchaus den zusätzlichen Energiewert von einem Kilo Kraftfutter brauchen.

Beobachten Sie Ihr Pferd und kürzen Sie ihm die Ration, wenn seine Speckschicht zu dick wird oder wenn es ohne andere erkennbare Ursachen übermäßig aufgeregt und eifrig ist.

Figurprobleme?

Wenn Sie nicht sicher sind, ob Ihr Pferd zu dick oder zu mager ist, lautet eine brauchbare Faustregel: Die Rippen des Pferdes sollen nicht zu sehen sein, aber man muß sie problemlos durch das Fell hindurch fühlen können. Sieht man die Rippen nämlich, dann ist die Schicht Fleisch darüber nicht vorhanden oder zu dünn. Kann man die Rippen dagegen nicht einmal mehr fühlen, dann ist die Speckschicht darüber eindeutig zu dick.

Wieviel braucht mein Pferd?

Bedarf an verdaulicher Energie und an verdaulichem Eiweiß

		Gewicht des erwachsenen Pferdes in kg					
		100	200	300	400	500	600
Erhaltung	En. (MJ)	19	32	43	54	64	73
	Eiw. (g)	95	160	216	268	318	363
leichte Arbeit	En. (MJ)	9-24	32-40	43-54	54-67	64-80	73-91
	Eiw. (g)	95-120	160-200	215-270	270-335	320-400	365-455
mittlere Arbeit	En. (MJ)	24-28	40-48	54-65	67-81	80-96	91-109
	Eiw. (g)	120-140	200-240	270-325	335-405	400-480	455-545
schwere Arbeit	En. (MJ)	28-38	48-64	65-86	81-107	96-127	109-154
	Eiw. (g)	140-190	240-320	325-430	405-535	480-635	545-725

(Quelle: DLG-Futterwerttabellen Pferde, verändert, siehe Seite 191)

Alte Pferde mit einem Hang zur Altersmagerkeit füttert man, als würden sie leichte Arbeit leisten – auch wenn das nicht der Fall ist. Ältere Pferde kauen ihr Futter oft schlecht und verdauen es dadurch weniger gut. Außerdem kann der gesamte Stoffwechsel des alten Pferdes aus dem Futter nicht mehr so viele Nährstoffe absorbieren und verarbeiten.

Manche Pferde müssen rassebedingt etwas mehr oder weniger Futter erhalten als in der Tabelle angegeben. Viele Vollblüter sind ausgesprochen schwerfuttrig, ziehen aus dem Futter also weniger Nährstoffe als das „Durchschnittspferd". Vertreter der Robustrassen sind dagegen meist sehr leichtfuttrig – wer kennt nicht den Stoßseufzer des geplagten Shetty-Besitzers, daß sein Pony schon vom Anblick eines Heuballens zunimmt?

Die Sache mit dem Eiweiß

Es gibt eine Faustregel, die besagt, daß ein Pferd pro MJ verdaulicher Energie fünf Gramm verdauliches Eiweiß benötigt. Diese Zahl gilt auch für die kleinen Robustrassen wie die Shettys. Die „Kleinen" benötigen nicht weniger Eiweiß pro 100 Kilo Körpergewicht als die „Großen" – es passiert nur viel leichter, daß man den Kleinen zu viel Eiweiß zuführt, weil dazu ja schon eine geringere Futtermenge ausreicht.

Mineralstoffe, Spurenelemente und Vitamine

In der Tabelle auf der rechten Seite beziehen sich die Bedarfsangaben nicht auf 100 Kilogramm Körpergewicht, weil sie sonst zu unübersichtlich geworden wäre. Man kann aber mit Hilfe der Angabe für ein 550-Kilo-Pferd leicht ausrechnen, wieviel beispielsweise ein 400-Kilo-Isländer braucht.

Die größten Unterschiede im Bedarf findet man bei Natrium. Der Grund dafür: Natrium ist Bestandteil des Salzes, das beim Schwitzen mit dem Schweiß ausgeschieden wird. Dieses Natrium muß wieder ergänzt werden. Deshalb sollte jedes Pferd ständig einen Salzleckstein zur Verfügung haben.

Es ist wichtig, daß Calzium und Phosphor im Futter in einem ausgewogenen Verhältnis zueinander stehen. Optimal ist ein Ca:P-Verhältnis von 2:1 – das heißt, man sollte ungefähr doppelt soviel Calzium wie Phosphor verfüttern. Zu viel Calzium kann ein Pferd verkraften, auch wenn das den Stoffwechsel belastet. Wird im Verhältnis zu Phosphor zu wenig Calzium verfüttert, so lagert

Täglicher Bedarf eines Pferdes (550 Kilo Gewicht) an wichtigen Mineralstoffen, Vitaminen und Spurenelementen

Nährstoff	bei leichter Arbeit	bei mittlerer Arbeit	Zuchtstute
Mineralstoffe			
Calzium	23 g	26 g	30-50** g
Phosphor	14 g	17 g	20-40** g
Natrium	9 g	30 g	11-13 g
Vitamine			
Vitamin A	30.000-50.000 I.E.	30.000-50.000 I.E.	55.000-80.000 I.E.
Vitamin D	3.000-5.000 I.E.	3.000-5.000 I.E.	8.000 I.E.
Vitamin E	300 mg *	300 mg *	300 mg *
Spurenelemente			
Eisen	1,1-1,4 g	1,1-1,4 g	1,1-1,4 g
Kupfer	140 mg *	140 mg *	140 mg *
Zink	700 mg *	700 mg *	700 mg *
Mangan	560 mg *	560 mg *	560 mg *
Kobalt	0,7-1,4 mg *	0,7-1,4 mg *	0,7-1,4 mg *
Selen	1,4-2,8 mg *	1,4-2,8 mg *	1,4-2,8 mg *
Jod	1,4-3,2 mg *	1,4-3,2 mg *	1,4-3,2 mg *

* mg: Milligramm, also tausendstel Gramm

** Die niedrigeren Zahlen gelten für die trächtige Stute, die höheren für die Milch gebende (laktierende).

(Quelle: Kirchgeßner 1987, siehe Seite 191)

das Pferd Calzium aus den Knochen aus, und es kommt zur Knochenbrüchigkeit. Bei der Standardfütterung mit Heu und Hafer kann es sehr leicht dazu kommen!
Aus der Tabelle wissen Sie, daß der Bedarf recht unterschiedlich sein kann und sich hauptsächlich danach richtet, wieviel Leistung ein Pferd erbringt – egal, ob es sich bei dieser Leistung um Arbeit unter dem Sattel handelt oder um das Säugen eines Fohlens.
Ein Pony wird eine kleinere Menge an den „Wirkstoffen" brauchen als ein Kaltblüter, und ein Araber mit seinem intensiven Stoffwechsel benötigt eine größere Menge als ein Isländer gleichen Gewichts. Ein stark beanspruchtes Springpferd benötigt bestimmte Wirkstoffe, die für die Struktur der Hufe wichtig sind; eine trächtige Stute braucht mehr Calzium, weil sie nicht nur die eigenen Knochen erhalten, sondern auch die des Fohlens aufbauen muß.
Es hat übrigens keinen Sinn, beispielsweise bei einem Bedarf von 25 Gramm Calzium am Tag das Dreifache zu verfüttern. Überschüssige Mineralstoff- und Vitaminmengen kann der Körper des Pferdes teilweise nur bis zu einer gewissen Menge speichern, teilweise überhaupt nicht. Außerdem stehen manche Mineralstoffe, Spurenelemente und Vitamine in Wechselwirkung zueinander und beispielsweise auch zu Aminosäuren. Das bedeutet, daß etwa zwischen Calzium und Phosphor ein bestimmtes Verhältnis eingehalten werden muß, weil diese beiden Mineralstoffe zusammenarbeiten und dazu von beiden bestimmte Mengen vorhanden sein müssen. Oder ein anderes Beispiel: Manche Aminosäuren benutzen im Körper dieselben „Transportwege" wie bestimmte Mineralstoffe, um dorthin zu kommen, wo sie gebraucht wer-

den. Wird von den Mineralstoffen zu viel verfüttert, so „blockieren" sie die Transportwege, und die Aminosäuren kommen nicht an. Dann entsteht ein Aminosäurenmangel, obwohl doch eigentlich genügend Aminosäuren zugeführt wurden. Verfüttern Sie also nicht willkürlich mehr von dem einen oder anderen Nähr- oder Wirkstoff. All diese Stoffe stehen in Wechselwirkung zueinander.

Wieviel frißt mein Pferd?

Diese Frage ist nicht so dumm, wie sie auf den ersten Blick scheinen mag. Sie wissen inzwischen, daß es Bedarfstabellen gibt, aus denen Sie ablesen können, welche Stoffe Ihr Pferd in welchen Mengen braucht. Nun stehen Sie vor der Frage, wie Sie das Ganze in Ihr Pferd reinkriegen. Fohlen fressen beispielsweise relativ kleine Mengen, haben aber einen recht hohen Bedarf. Den Nährstoffbedarf eines Fohlens nur aus Heu zu decken, ist unmöglich, weil das Fohlen die benötigte Menge Heu gar nicht fressen könnte. Der Fohlenmagen ist zu klein, und irgendwann stellt sich auch beim Dauerfresser Pferd das Sättigungsgefühl ein – oder die Kaumuskeln ermüden ganz einfach! Wenn Sie also den Bedarf Ihres Pferdes ermittelt haben und nun eine passende Futterration zusammenstellen wollen, müssen Sie erst noch herausfinden, wieviel das Pferd fressen kann.
Grundsätzlich können die kleineren, kompakteren Rassen mehr Kilogramm Futter pro 100 Kilo Lebendgewicht fressen als die größeren, schlankeren Rassen. Fohlen sowie trächtige und Milch gebende Stuten nehmen ebenfalls pro 100 Kilo Gewicht mehr Futter auf.

Durchschnittliche Futteraufnahme von ausgewachsenen Pferden bei mittlerer Arbeit

Körpergewicht (kg)	Mögliche Aufnahme an Trockenmasse (in % des Körpergewichts)	Ungefähre Futtermenge (Trockensubstanz) in kg
100	3,3-4,8	3,3-4,8
200	3,1-4,5	6,2-9
300	2,9-4,2	8,7-12,6
400	2,7-3,8	10,8-15,2
500	2,1-3,6	10,5-18
600	1,5-3,5	9-21

(Quelle: DLG-Futterwerttabellen Pferde, verändert, siehe Seite 191)

Angaben zur Futteraufnahme von Stuten und Fohlen finden Sie im entsprechenden Kapitel ab Seite 144.

Wieviel Futter paßt in ein Pferd?

Bei Pferden mit einem Gewicht von 400 bis 600 Kilogramm, also bei den meisten Rassen, die einen Erwachsenen tragen können, geht man davon aus, daß sie ungefähr 2,5% ihres Körpergewichts an Futter-Trockensubstanz fressen können.
Für Pferde zwischen 100 und 300 Kilogramm Gewicht setzt man als Faustzahl für die Futteraufnahme ungefähr 3,5% ihres Körpergewichtes an.

Wie Sie nun, bewaffnet mit dem Wissen über den Bedarf und die Futteraufnahme Ihres Pferdes, eine geeignete Ration zusammenstellen können, erfahren Sie in den folgenden Kapiteln.

Regeln für eine sinnvolle Fütterung

Was auch immer Sie Ihrem Pferd füttern, einige Regeln sollten Sie dabei unbedingt beachten. Ganz wichtig ist es, daß Sie das natürliche Futteraufnahmeverhalten des Pferdes im Hinterkopf behalten: Ein Pferd in freier Wildbahn frißt fast ständig kleine Mengen an rohfaserreichem Futter. Wenn Sie an diese Tatsache denken, ist Ihnen auch sofort die wichtigste aller Fütterungsregeln klar.

> **Fütterungsregel 1**
> Teilen Sie das Futter für Ihr Pferd in mehrere Mahlzeiten pro Tag auf!

Selbst wenn Sie ausgerechnet haben sollten, daß Ihr Pferd am besten mit zehn Kilo Heu pro Tag zu füttern ist, dürfen Sie ihm diese zehn Kilo nicht morgens hinlegen und von ihm erwarten, daß es sich das Heu selbst einteilt. Ideal wäre es, wenn Sie ihm alle zwei oder drei Stunden ein kleines Portiönchen geben könnten. Per Hand ist das natürlich nicht machbar, und wahrscheinlich gehören Sie nicht zu den fortschrittlichen Menschen, die bereits eine Rauhfutter-Abruffütterung ihr eigen nennen. Also geben Sie Ihrem Pferd morgens ein Viertel seiner Rauhfutterportion, mittags wieder ein Viertel und abends den Rest, denn die Nacht ist lang.
Die Regel, die Gesamt-Futterportion aufzuteilen, gilt natürlich auch für Kraftfutter. Bei Kraftfutter sollten Sie außerdem noch darauf achten, daß ein Großpferd pro Mahlzeit nicht mehr als circa zwei Kilo davon erhält, ein Pony entsprechend weniger. Denken Sie daran, wie

klein der Magen des Pferdes ist und wie schnell die meisten Pferde ihr heißgeliebtes Kraftfutter herunterschlingen. Die Engländer setzen sehr gerne Häcksel ein: Sie vermischen kurzgehäckseltes Stroh oder Heu mit dem Kraftfutter, so daß die Pferde es nicht so schnell herunterschlingen können. Eine durchaus nachahmenswerte Idee.

Fütterungsregel 2

Eine Kraftfutterportion für ein Großpferd sollte nicht mehr als maximal zwei Kilogramm betragen, für ein Pony gilt eine entsprechend kleinere Menge.

Weil Pferde Gewohnheitstiere sind, deren innere Uhr ihnen ziemlich genau sagt, wann die nächste Mahlzeit fällig ist, sollten Sie sich beim Füttern an feste Zeiten halten. Zu diesen Zeiten müssen alle Pferde eines Bestands Futter bekommen, sonst kommt es zu Streitigkeiten zwischen den Tieren. Wo die Pferde sich nicht direkt erreichen können (Boxenstall), werden die Tiere, die nichts bekommen haben, zumindest unruhig, scharren und starten oft durch die Gitterstäbe hindurch Beißversuche auf ihre fressenden Nachbarn.

Fütterungsregel 3

Halten Sie feste Futterzeiten ein, zu denen alle Pferde gefüttert werden.

Die Sache mit den festen Futterzeiten können Sie natürlich vergessen, wenn Ihr Pferd in einem Stall mit Responderfütterung lebt: Dabei trägt es einen kleinen Sen-

der am Halfter und kann sich damit Zutritt zu Fütterungseinrichtungen verschaffen. Hier werden die Tiere ohnehin so gefüttert, wie es ihrem natürlichen Nahrungsaufnahmeverhalten entspricht: Sie können ständig kleine Portionen Rauhfutter und Kraftfutter abrufen. So sind die Pferde auch nie wirklich hungrig und nehmen es sehr gelassen hin, wenn ein Herdenkamerad am Fressen ist, während sie selber gerade nichts bekommen.
Vor allem bei Pferden, die relativ viel Kraftfutter erhalten, wirkt es sich günstig auf den Magen aus, wenn sie erst eine Portion Rauhfutter gefressen haben, bevor sie das Kraftfutter bekommen. Wird nämlich stärkereiches Kraftfutter auf leeren Magen gefüttert, so sinkt der pH-Wert im Magen ins Bodenlose, es entstehen also sehr saure Verhältnisse. Für die Magenschleimhaut ist das eine Säure-Attacke, die auf Dauer zu Magengeschwüren und ähnlichen Beschwerden führen kann. Wird zuerst Rauhfutter gegeben, so entstehen im Magen weniger saure Verhältnisse, wenn das Kraftfutter dort „ankommt".

Fütterungsregel 4

Füttern Sie nach Möglichkeit vor jeder Kraftfuttermahlzeit etwas Rauhfutter.

Und noch ein wichtiges Thema: Wie gehen Sie vor, wenn Sie die Ration ändern? Mit dieser Frage muß man sich beispielsweise auseinandersetzen, wenn die Pferde im Frühjahr nach reiner Heu- und Kraftfutternahrung auf die Weide kommen oder wenn sie im Spätherbst schließlich nicht mehr auf die Wiese gelassen werden. Hier gilt die Regel: keine plötzlichen Futter-Umstellungen! Jedes neue Futter muß allmählich eingeführt werden, und wenn Sie eine Futterart weglassen wollen, muß das ebenfalls langsam geschehen. Langsam bedeutet, daß die Umstellung ein bis zwei Wochen in Anspruch nehmen sollte.

Fütterungsregel 5

Wenn neue Futterarten in die Ration aufgenommen werden sollen, müssen sie im Verlauf von ein bis zwei Wochen allmählich eingeführt werden. Wenn Futterarten aus der Ration wegfallen sollen, müssen sie im Verlauf von ein bis zwei Wochen immer weiter reduziert werden. Plötzliche Futter-Umstellungen führen zu Verdauungsproblemen!

Eine gewisse Zeit für die Umstellung sollten Sie auch dann einhalten, wenn es um relativ kleine Veränderungen geht – zum Beispiel, wenn Sie statt Hafer Gerste füttern wollen oder wenn das Heu vom Bauern Müller zur Neige geht und Sie nun das vom Bauern Meier verwenden müssen. Wenn es irgend geht, lassen Sie das alte Futter schrittweise weg und führen Sie das neue ebenso schrittweise ein!

Warum eigentlich? Weil, wie Sie sich erinnern, Bakterien bei der Verdauung eine große Rolle spielen. Und zwar verschiedene Bakterien: Es gibt welche, die für Stärke zuständig sind, andere für Rohfaser, wieder andere für Eiweiß. Diese unterschiedlichen Bakterienstämme befinden sich im Darmtrakt in einem gewissen Gleichgewicht, das stark vom Futter abhängt. Erhält ein Pferd zum Beispiel viel stärkereiches Getreide, so werden

auch viele stärkefressende Bakterien da sein und weniger rohfaserfressende. Wollen Sie diesem Pferd nun einen Teil der Getreidemenge streichen (also weniger Stärke füttern) und statt dessen die Heumenge steigern (also mehr Rohfaser füttern), so muß sich auch das Gleichgewicht zwischen den Bakterien verschieben. Die rohfaserfressenden Bakterien müssen sich vermehren, und von den stärkefressenden müssen welche absterben. Das geht nun mal nicht innerhalb weniger Stunden.
Und noch eine letzte goldene Fütterungsregel: Lassen Sie Ihrem Pferd etwas Zeit zum Verdauen seiner Ration, bevor Sie es nach dem Füttern zur Arbeit holen. Haben Sie ein Robustpferd in Offenstallhaltung, das ohnehin den halben Tag vor der Heuraufe verbringt, dann können Sie es fast jederzeit zur Arbeit herausholen. Bei Pferden, denen ihr Futter mehrmals am Tag in Portionen zugeteilt wird, müssen Sie darauf allerdings Rücksicht nehmen. So, wie Sie sich selbst keinen Dauerlauf zumuten, wenn Sie gerade von einem üppigen Mittagessen aufgestanden sind, sollten Sie auch von Ihrem Pferd nicht erwarten, daß es Sie durch die Gegend trägt, wenn es gerade eine Portion Hafer und Heu verspeist hat. Je nach Art und Menge des Futters, das Ihr Pferd gerade bekommen hat, sollten Sie ein bis zwei Stunden verstreichen lassen, bevor Sie es reiten.

Fütterungsregel 6

Nach dem Füttern sollte ein Pferd nicht sofort arbeiten müssen. Es braucht ein bis zwei Stunden Zeit zum Verdauen.

Strukturfutter – was ist das?

Pferde können nicht ausschließlich mit Kraftfutter ernährt werden. Ihr Verdauungssystem braucht Ballaststoffe, also schwerverdauliche, grobfaserige Stoffe, die den Darm füllen. Diese Stoffe werden auch von bestimmten Bakterien benötigt, die in den hinteren Darmabschnitten leben. Und schließlich wissen Sie ja, daß Pferde viel kauen müssen, um sich wohl zu fühlen. An strukturiertem Futter kauen sie länger und speicheln damit besser – und auch der Speichel ist wichtig für eine gut funktionierende Verdauung.

Diese Ballaststoffe, auch Rohfaser genannt, sind in den Rauhfuttern und Grundfuttern in besonders hohem Maße enthalten. Aber nicht jedes rohfaserhaltige Futter hat auch genügend Struktur. Struktur bedeutet nämlich, daß die Rohfaser so grob sein muß, daß sie im Verdauungstrakt auch wirklich als Füllstoff dient und praktisch nicht verdaut wird.

Werden Rauhfutter zu fein gehäckselt oder vermahlen, so ist ihre Rohfaser nicht mehr voll strukturwirksam. Ein Beispiel dafür sind Cobs, denn bei ihnen wird das Gras ziemlich kurz gehäckselt, ehe es getrocknet wird. Rohfaser aus Frischfutter wie Gras oder Silage ist nicht so strukturwirksam wie Rohfaser aus getrocknetem Futter wie Heu oder Stroh.

In einer Pferderation sollen mindestens 16 bis 18% Rohfaser (in der Trockenmasse) enthalten sein. Sehr viel Rohfaser in der Ration bedeutet, daß das Pferd viel Rauhfutter aufnimmt, das im Normalfall nicht viel Energie enthält. Nur die kleineren Robustrassen können ihren Energiebedarf komplett aus Rauhfutter decken.

Bei den größeren Rassen und bei stärkerer Arbeitsbelastung wird man immer auch Kraftfutter geben müssen – und dann muß man für das nötige Maß an Rohfaser und an Struktur sorgen.
Zu viel Struktur sollte aber ebenso wie zu wenig Struktur vermieden werden. Beides führt leicht zu Verstopfungskoliken. Zu strukturreich wird die Ration oft, wenn man viel Futterstroh einsetzt.
Mindestens ein Pfund Stroh oder Heu pro 100 Kilo Körpergewicht muß ein Pferd oder Pony immer bekommen, um seinen Bedarf an Strukturfutter zu decken. Damit funktioniert dann zumindest das Verdauungssystem. Besser ist es, wenn man mit einem Kilo pro 100 Kilo Körpergewicht rechnet. Steht das Pferd auf Stroheinstreu, ist man ohnehin auf der sicheren Seite, weil es sich dann selbst aus dem Stroh heraussuchen kann, was es braucht, um sich wohl zu fühlen.

Stroh ist ein hervorragendes Strukturfutter, das die Pferde von innen wärmt. Diese Isländer scheinen's zu brauchen...

Wußten Sie übrigens, daß Strukturfutter wärmt? Rohfaser, die langsam freiwerdende Energie, wandert ja praktisch unverdaut durch den Verdauungstrakt, bis sie schließlich ganz hinten ankommt, im Dickdarm. Dort hinten sind Bakterien für die Verdauung von Rohfaser zuständig, und dabei erzeugen sie ein Abfallprodukt: Wärme. Bei der Verdauung von Hafer fällt viel weniger Wärme an, denn er hat nur einen geringen Rohfaseranteil. Im Hafer ist die Energie ja größtenteils in Form von Stärke enthalten, die in den vorderen Darmabschnitten von Enzymen verdaut wird, und dabei fällt kaum Wärme an. Also, denken Sie bei der Winterfütterung im Offenstall daran: Rauhfutter leisten einen wertvollen Beitrag zur „inneren Heizung" Ihres Pferdes.

Tränken

Wenn man vom Füttern spricht, sollte man das Tränken nicht vergessen. Der Wasserbedarf von Pferden ist sehr unterschiedlich. Hier spielt es eine große Rolle, wieviel das Pferd arbeitet. Beim Arbeiten schwitzt es und verliert damit Wasser. Ein Großpferd auf einem Wanderritt kann problemlos 50 Liter Wasser am Tag saufen. Ein 200-Kilo-Shetty wird 10 bis 20 Liter Wasser benötigen.

Wieviel Wasser braucht ein Pferd?
Als Faustregel gilt, daß ein Pferd pro 100 Kilogramm Körpergewicht täglich fünf bis zehn Liter Wasser benötigt.

Am einfachsten fahren Sie natürlich mit Selbsttränken. Hüten Sie sich vor Billigtränken mit Zungen aus sehr dünnem Material, das sich an den Rändern hochbiegen kann. Tränken müssen ebenso wie alle Fütterungseinrichtungen stabil und möglichst wenig verletzungsträchtig sein. Gewöhnen Sie sich an, die Tränken regelmäßig auf Verunreinigungen zu kontrollieren. Oft findet sich an der Unterseite der Zunge ein schmieriger Belag, der dazu führen kann, daß die Pferde nicht gerne aus dieser Tränke saufen.

Wenn Sie aus Eimern tränken müssen, nehmen Sie lieber zwei 12-Liter-Eimer als einen 20-Liter-Eimer, es trägt sich einfach besser. Die einfachen Baueimer für ein paar Mark sind absolut ausreichend. Manche Pferde reagieren allerdings auf bestimmte Kunststoff-Weichmacher, die aus diesen Billigeimern ausdünsten, mit Erkrankungen. Sie müssen deshalb aus teuren Eimern getränkt werden, die eigentlich für die Lebensmittelindustrie hergestellt werden. Daß Sie darauf achten sollten, daß das Wasser immer frisch und sauber ist, dürfte ohne weitere Erklärung einleuchten.

Auf der Weide sollten Tränkebehälter aufgestellt sein, wobei es auch hier die Mörtelwannen aus dem Baumarkt durchaus tun. Ausgediente Badewannen leisten ebenfalls vorzügliche Dienste. Da diese Behälter draußen stehen, kann Dreck hineingeweht werden, und außerdem stehen sie unter Sonneneinwirkung. Dadurch siedeln sich im Sommer gerne Algen im Wasser an. Solche Behälter müssen also besonders im Sommer regelmäßig gründlich ausgebürstet werden.

Natürlich kann man auch auf der Weide Selbsttränken installieren, wenn eine Wasserleitung oder ein Schlauch dorthin gelegt werden kann.

Für den Offenstall empfehlen sich dabei beheizbare Modelle, die nicht einfrie-

Bei kleinen Pferdebeständen kann man Mörtelwannen aus dem Baumarkt als Weidetränken einsetzen. Sie müssen häufig gesäubert werden, da sich im Wasser sonst Algen bilden können.

ren können. Die regelmäßige Kontrolle der Selbsttränken ist auf der Weide noch wichtiger als im Stall.
Viele Pferde reagieren auf Verschmutzungen im Wasser außerordentlich empfindlich: Sie weigern sich zu saufen. Manche sind so heikel, daß sie „fremdes“ Wasser nicht saufen, was zum Beispiel auf Turnieren ein Problem sein kann. Dann müssen Sie Wasser in Kanistern mitnehmen. Andere Pferde wiederum saufen, was sie kriegen können, und wenn es auf dem Ausritt aus einer Pfütze ist. Wenn sich die Pfütze auf einem wenig benutzten Weg befindet, so daß keine Gefahr besteht, daß Öl im Wasser schwimmt, und wenn nicht vorher schon fünf Pferde hindurchgewatet sind und den Dreck aufgewirbelt haben, können Sie Ihr Pferd ruhig einige Schlucke nehmen lassen. Gerade bei Wander- und Geländepferden, die oft stundenlang draußen unterwegs sind, ist es nur gut, wenn sie daran gewöhnt sind, bei jeder Gelegenheit und aus jedem möglichen „Behälter“ zu trinken.

Futterlagerung

Selbst bei der Haltung von nur ein oder zwei Pferden lohnt es sich, in die Lagerung des Futters und der Einstreu ein wenig Denkarbeit zu investieren. Sie sparen viel Zeit, wenn Sie sich überlegen, an welches Futter Sie am häufigsten heranmüssen und wie Sie dieses Futter möglichst nahe an den Futtertrögen lagern oder es möglichst arbeitssparend transportieren können.
Loses Rauhfutter und Kleinballen (Hochdruckballen) werden meist auf Heuböden gelagert. Vielleicht läßt sich von dort ein Abwurfschacht in den Stall schaffen?

Ein solcher Schacht sollte unten im Stall verschließbar sein, so daß der Staub, der beim Abwerfen aufgewirbelt wird, nicht sofort in den Stall gelangt. Wenn der Lagerraum direkt über dem Stall liegt, müssen Sie daran denken, daß Wasserdampf und Gase aus dem Stall nach oben steigen. Besteht die Stalldecke nur aus einer Bretterschicht, so gelangen diese Gase in die untersten Schichten des Heus oder Strohs, das Sie über dem Stall gelagert haben. Dann kann es dort zu Schimmelbildung kommen, oder das Heu riecht einfach nur muffig und wird nicht mehr gerne gefressen. Besser ist also eine wärmegedämmte Stalldecke.
Immer häufiger bekommt man Heu und Stroh in Großballen, die es inzwischen nicht nur rund, sondern auch viereckig gibt. Rundballen haben den Vorteil, daß man sie notfalls per Muskelkraft auf ebenem Boden rollen kann. Die viereckigen Ballen lassen sich leichter stapeln, sind aber ohne einen Frontladerschlepper oder einen speziellen Ballen-Transportkarren nicht von der Stelle zu bewegen (notfalls tun es auch untergelegte Rundhölzer). Ein solcher Heu-Großballen wiegt zwischen 300 und 400 Kilogramm! Diese Ballen werden auch kaum auf Heuböden gelagert, sondern normalerweise in befahrbaren Schuppen. Man kann sie auch auf alte Paletten oder ähnliches legen und mit Folie abdecken. Die Folie muß sorgfältig befestigt werden, indem man in Abständen von höchstens einem Meter breite Gurte quer über den Ballenstapel legt und die Gurte an beiden Enden gut beschwert. Schmale Schnüre statt der breiten Gurte scheuern die Folie zu schnell durch. Nie sollten Sie die Ballen direkt auf den gewachsenen Boden legen: Sie ziehen Feuchtigkeit und schimmeln unweigerlich.

Gerade wenn Sie Großballen verwenden und nur ab und zu einen davon zum Stall fahren, brauchen Sie direkt am oder noch besser im Stall einen Platz, an dem Sie diesen Ballen ablegen können. Vielleicht können Sie ihn direkt hinter ein Freßgitter legen, von dem aus die Pferde sich das Futter selbst holen können?
Wieviel Lagerraum Sie brauchen, können Sie leicht ausrechnen, wenn Sie wissen, wieviel Rauhfutter und Einstreu die Pferde täglich benötigen und welches Raumgewicht das hochdruckgepreßte Heu oder Stroh hat. Nehmen wir an, Sie brauchen für Ihr Pferd täglich sechs Kilo Heu. Heu und Stroh in Hochdruckballen wiegt ungefähr 170 bis 200 Kilogramm pro Kubikmeter. Sechs Kilo Heu täglich sind knapp 2.200 Kilo Heu jährlich, und das geteilt durch 200 Kilo ergibt den Raumbedarf von circa elf Kubikmetern für das Heu.
Wenn Sie vor der Entscheidung stehen, wieviel Heu Sie im Sommer einkaufen müssen, will der Bauer vielleicht die Anzahl der Ballen wissen. Dann können Sie rechnen, daß ein Kleinballen hochdruckgepreßtes Heu circa 15 Kilo wiegt, ein Kleinballen Stroh etwa 12 Kilo. Ein Rundballen mit einem Durchmesser von 1,20 Metern wiegt bei Heu circa 200 Kilo und bei Stroh etwas weniger. Ein viereckiger Großballen Heu bringt etwa 350 Ki-

Gewichte von hochdruckgepreßtem Heu/Stroh

• pro Kubikmeter:	circa 200 Kilogramm
• pro Kleinballen:	circa 15 Kilogramm
• pro Rundballen (Großballen):	circa 200 Kilogramm
• pro Vierecks-Großballen:	circa 350 Kilogramm

lo auf die Waage – gerade bei diesen Ballen gibt es aber sehr unterschiedliche Formate, so daß auch die Gewichte recht stark schwanken können.
Der Lagerraum für das Kraftfutter sollte mäusesicher sein. Also: dicht schließende Türen und Fenster oder Fliegengitter davor, wenn man sie offen lassen will. Man kann sich auch die Mühe machen, jeden Abend die Stallkatze in die Futterkammer zu sperren. Das hat den Nachteil, daß man sich bei der Katze nicht gerade beliebt macht. Wer nur geringe Kraftfuttermengen lagert, kann das Futter auch in mäusedichte Behälter umfüllen: Alte Gefriertruhen sind da ebenso geeignet wie Plastik-Mülltonnen. Soll das Futter in Säcken hingestellt werden, dann sollten diese Säcke keinen direkten Kontakt zu Steinböden oder Steinwänden haben. Bei Wetterumschwüngen ändert die Steinwand ihre Temperatur nämlich mit anderer Geschwindigkeit als das Futter. Die Folge: Schwitzwasser, das dazu führt, daß das Futter schimmelt. Also sollte man Boden und Wände mit Brettern verkleiden oder zumindest Bretter oder besser Paletten unter die Säcke legen.
Wenn es vorkommen kann, daß auch mal Ihre kleine Tochter füttert oder ein hilfsbereiter Nachbar, der leider nicht viel Ahnung hat, dann ist es empfehlenswert, die Futterbehälter deutlich zu beschriften. Sie selbst können Hafer und Gerste ja auseinanderhalten, aber der Nachbar? Außerdem hängen Sie in diesem Fall am besten einen Plan auf, aus dem unmißverständlich ersichtlich ist, welches Pferd wann wieviel von welchem Futter erhält. Machen Sie sich diese Arbeit nicht erst dann, wenn Sie die Futterkammer nicht mehr betreten können, weil Sie sich gerade das Bein gebrochen haben!

Auf einen Blick: Praktische Fütterung

- Man sollte das Gewicht seines Pferdes kennen. Bei Futtermittelhändlern oder landwirtschaftlichen Betrieben gibt es oft Fuhrwerkswaagen, die man benutzen kann. Tabellen informieren über die Durchschnittsgewichte bestimmter Rassen.
- Die Arbeitsleistung eines Pferdes wird nach Dauer und Art der Arbeit eingeteilt in Erhaltung, leichte, mittlere und schwere Arbeit. Meistens macht man den Fehler, die Arbeitsbelastung des Pferdes höher einzuschätzen, als sie tatsächlich ist. Die Bewegung eines Pferdes im Offenstall ist noch dem Erhaltungsbedarf zuzurechnen.
- Den Bedarf des Pferdes an Energie, Eiweiß und Mineralstoffen kann man Tabellen entnehmen. Faustregel: Pro MJ verdaulicher Energie benötigt ein Pferd fünf Gramm verdauliches Eiweiß. Die größten Bedarfsschwankungen treten beim Mineralstoff Natrium auf, weil Natrium im salzigen Schweiß enthalten ist. Calzium und Phosphor müssen in einem ausgewogenen Verhältnis (ungefähr 2:1) zueinander stehen. Ein Zuviel an bestimmten Nährstoffen kann im Körper die Transportwege für andere Nährstoffe blockieren.
- Das Futteraufnahmevermögen eines Pferdes ist begrenzt. Als Faustregel gilt, daß Pferde bis zu einem Gewicht von etwa 300 Kilo ungefähr 3,5% ihres Körpergewichtes an Futter-Trockensubstanz aufnehmen können. Bei Pferden von 400 bis 600 Kilo liegt dieser Wert bei ungefähr 2,5% ihres Körpergewichts.
- Bei der Fütterung sollten einige wichtige Regeln eingehalten werden: Teilen Sie das Futter für Ihr Pferd auf mehrere Mahlzeiten auf, geben Sie nicht mehr als zwei Kilo Kraftfutter auf einmal, halten Sie feste Futterzeiten ein, und füttern Sie vor jeder Kraftfutter-

mahlzeit etwas Rauhfutter. Futterumstellungen müssen allmählich vollzogen werden. Nach dem Füttern sollte ein Pferd nicht sofort wieder geritten werden.

- Egal wie die Ration aussieht, Pferde brauchen Strukturfutter. Nicht jedes Rauhfutter enthält auch genügend strukturwirksame Rohfaser. Eine Pferderation sollte in der Trockenmasse mindestens 16 bis 18% Rohfaser enthalten.
- Wieviel Wasser ein Pferd pro Tag braucht, hängt stark von seiner Bewegungsaktivität ab. Pro 100 Kilogramm Körpergewicht werden zwischen fünf und zehn Liter pro Tag benötigt.
- Bei der Futterlagerung ist darauf zu achten, daß die Wege zum meistgebrauchten Futter möglichst kurz sind. Bei Lagerung des Futters direkt über dem Stall muß man vermeiden, daß sich aufsteigende Gase und Wasserdampf aus dem Stall im Futter niederschlagen. Bei Lagerung im Freien dürfen die Ballen nicht auf den Boden gelegt werden, und die Abdeckfolie muß sorgfältig befestigt werden.

Praktische Rationen für Großpferde

Großpferde haben in der Regel einen deutlich höheren Energiebedarf als ihre kleineren und robusteren Artgenossen.

Unter den Begriff Großpferde fallen in diesem Buch alle Pferde, die ein Stockmaß von mehr als ungefähr 150 Zentimetern haben und die nicht zu den ausgesprochenen Robustrassen gehören, denen ein eigenes Kapitel gewidmet ist (ab Seite 131). Aufgrund ihrer Größe, ihres Gewichts, ihres Körperbaus und ihrer Stoffwechselaktivität haben alle diese Warmblüter einen ähnlichen Futterbedarf.

Verglichen mit den Robustrassen haben Pferde, die im Warmblut-, Vollblut- oder Arabertyp stehen, meist ein etwas lebhafteres Temperament, und sie bewegen sich mehr. Folglich ist bereits der Erhaltungsbedarf eines solchen Warmblüters meist etwas höher als der eines gleich schweren Robustpferdes. Vor allem im Winter kommt noch dazu, daß die Warmblüter eher frieren, weil sie weniger Unterhautfettgewebe und weniger Winterfell „ansetzen" – auch deswegen brauchen sie etwas mehr Energie als die sogenannten Robustpferde. Oft werden Warm- und Vollblüter auch anders geritten als Vertreter von Robustrassen – das heißt, ihnen wird mehr Galopparbeit abverlangt, die energieaufwendiger ist.

Der Futterbedarf

Für die Rationsberechnungen interessiert uns der Bedarf des Pferdes an Energie und Eiweiß sowie an den wichtigsten Mineralstoffen: Calzium, Phosphor und Natrium. Wenn wir unterstellen, daß es sich um ein circa 550 Kilogramm schweres Pferd im Warmbluttyp handelt, dann wissen wir schon einmal, in welcher Spalte der Bedarfstabelle von Seite 99 wir nachsehen müssen. Aber jetzt kommt die schwierige Frage: Welche Arbeitsbelastung soll man ansetzen? Sehen Sie sich die Tabelle auf Seite 101 noch einmal an.
Für die Rationen, die hier vorgestellt werden sollen, unterscheiden wir vier Fälle:

- Das Wochenendpferd: Es wird unter der Woche kaum geritten, dafür am Wochenende mehrere Stunden in Bahn oder Gelände.

- Das Familienpferd: Es wird praktisch täglich eine Stunde lang bewegt.
- Das Turnierpferd: Es leistet unter der Woche leichte Arbeit (also eine Stunde Reiten) und am Wochenende mittlere Arbeit (Turnier oder Halbtagesritt).
- Das arbeitende Pferd: Es muß im Ferienreitbetrieb täglich mehrere Stunden lang teilweise auch Galopp gehen, oder es befindet sich auf einem Wanderritt.

Legen wir diese „Belastungstypen" fest und suchen wir uns aus den Tabellen die Bedarfswerte für ein 550-Kilo-Großpferd heraus, dann bekommen wir folgende Aufstellung (jeweils mittlere Werte):

	Verdauliche Energie (MJ)	Verdauliches Eiweiß (g)	Ca (g)	P (g)	Na (g)
Wochenendpferd (Erhaltung)	68	330	20	11	8
Familienpferd (leichte Arbeit)	75	360	23	14	9
Turnierpferd (mittlere Arbeit)	90	440	25	16	30
Arbeitendes Pferd (schwere Arbeit)	110	550	26	17	40

Nun müssen Sie noch die grundsätzliche Überlegung anstellen, wie Sie diese Nährstoffmengen in Ihr Pferd hineinbringen wollen – das heißt, wieviel Grundfutter und wieviel Kraftfutter Sie einsetzen wollen.
Sie wissen, daß Sie zur Deckung des Strukturbedarfs täglich ein Kilogramm Rauhfutter pro 100 Kilo Körpergewicht verfüttern sollten. Wenn Sie weitere Grundfutter einsetzen, zum Beispiel Silagen, die ebenfalls einen

gewissen Anteil an strukturierter Rohfaser enthalten, reicht ein halbes Kilo Rauhfutter. Bei einem Pferd, das Sie nach Erhaltung oder für leichte Arbeit füttern, werden Sie eher versuchen, viel Grundfutter und wenig Kraftfutter einzusetzen. Bei einem Pferd, das mittlere oder schwere Arbeit leistet, werden Sie um einen höheren Kraftfuttereinsatz nicht herumkommen.

Die am besten geeigneten Futtermittel

Für das Wochenendpferd und das Familienpferd (Erhaltungsbedarf beziehungsweise Bedarf für leichte Arbeit) setzen Sie am besten hauptsächlich Grundfutter ein: Heu, Cobs, Silagen, Weide. Je nach dem Nährstoffgehalt des Grundfutters, das Sie zur Verfügung haben, müssen Sie dann noch für eine Eiweiß-, Energie- oder Mineralstoffergänzung sorgen. Was Sie dem Wochenendpferd und dem Familienpferd an Kraftfutter geben, sollten Sie also hauptsächlich als Ergänzung betrachten. Brauchen Sie eine Energieergänzung, so bieten sich Zuckerschnitzel oder Mais an. Muß auch Eiweiß ergänzt werden, können Sie Hafer oder unter Umständen Sojaschrot einsetzen. Zur Mineralstoffergänzung bietet sich ein vitaminisiertes Mineralfutter an.
Auch das Turnierpferd und das arbeitende Pferd brauchen genügend Grundfutter, um ihren Strukturbedarf zu decken. Silagen wirken meist günstig, weil ihr Säuregehalt die Verhältnisse im Darm stabilisiert und weil ihr Feuchtegehalt „schmierend" wirkt. Für Pferde, die viel Arbeit leisten, müssen Sie auch Kraftfutter in größeren Mengen einsetzen. Sie können ein Fertigfutter wählen,

das zu den Nährstoffgehalten Ihres Grundfutters paßt. Eine andere Möglichkeit besteht darin, ein relativ eiweißreiches Getreide wie Gerste zu verwenden und es mit einem Mineralfutter zu ergänzen. Oder Sie können ganz gezielt einen Energieträger (Mais oder Zuckerschnitzel, bei einem schwer arbeitenden Pferd unter Umständen auch ein Pflanzenöl) einsetzen, dazu einen Eiweißträger (Sojaschrot) und ein passendes Mineralfutter. Schwer arbeitende Pferde produzieren viel Schweiß, der einen hohen Natriumanteil hat. Die meisten Mineralfutter enthalten nicht genug Natrium, um die 30 oder 40 Gramm pro Tag bereitzustellen, die ein Wanderreitpferd im Sommer benötigen kann. Die einfachste Methode, für das nötige Natrium zu sorgen, ist ein Salzleckstein oder Viehsalz aus dem Sack. Salz ist chemisch Natriumchlorid, besteht also nur aus Natrium und Chlor. Viehsalz ist genau das gleiche wie Kochsalz, es ist nur weniger gut gereinigt. Pferde sind gegenüber diesen Spurenverunreinigungen nicht ganz so empfindlich wie wir Menschen.

Beispiele für praktische Rationen

Berechnen wir einmal eine Ration am Beispiel des typischen Familienpferdes: Es handelt sich um ein nicht zu großes, nicht zu schweres Warmblutpferd, das täglich eine Stunde ruhig geritten wird und am Wochenende auch mal einen längeren Ausritt mitmacht, also leichte Arbeit leistet. Den Bedarf für dieses Familienpferd haben wir ja auf Seite 122 schon aufgestellt, so daß wir ihn gleich in das Formular zur Rationsberechnung eintragen können.

In der Zeile für „Bedarf" tragen wir auch ein, wieviel Trockenmasse das Pferd fressen kann. Bei unserem 550-Kilo-Pferd gehen wir davon aus, daß es 2,5% seines Körpergewichtes an Trockenmasse aufnehmen kann, das wären also 550 x 0,025 = 13,75 Kilogramm.
Außerdem denken wir daran, daß das Tier pro 100 Kilo Gewicht ein Kilo Heu als Strukturfutter bekommen soll; bei unserem 550-Kilo-Pferd sind das 5,5 Kilo Heu, die wir aus praktischen Gründen auf 6 Kilo aufrunden. Aus

Berechnung einer Beispielsration für ein Großpferd

	Futtermittel	Menge (kg)	entspricht TM (kg)	Verdauliche Energie (MJ)	Verdauliches Eiweiß (g)	Ca (g)	P (g)	Na (g)
Bedarf			13,75	75	360	23	14	9
1. Strukturfutter	Heu	6	5,16	44	263	25,8	17,5	3,1
2. Grundfutter								
Bilanz (Bedarf minus zugeführtem Futter)								
3. Ergänzung								
4. Ergänzung								
Bilanz								
Bemerkungen								

der Tabelle auf Seite 56 entnehmen wir die Werte für Heu von einer grasreichen Wiese, 1. Schnitt, alt – „Pferdeheu" wird meist erst gegen Ende der Blüte geschnitten. Auch die Werte hierfür tragen wir gleich in die Tabelle ein. Alle Nährstoffgehalte von Futtermitteln müssen in der Trockenmasse angegeben werden!
Ist Ihnen klar, wie zum Beispiel der Wert für den Energiegehalt des Heus zustande gekommen ist? Aus der Tabelle haben Sie entnommen, daß das Heu pro Kilo Trockenmasse 8,53 MJ Energie enthält. Die 6 Kilo frisches Heu entsprechen 5,16 Kilo Trockenmasse, wenn Sie laut Tabelle mit 860 Gramm Trockenmasse pro Kilo Frischheu rechnen, oder anders ausgedrückt mit 86% Trockenmasse (also: 6 kg x 0,86 = 5,16). Wenn ein Kilo Trockenmasse 8,53 MJ Energie enthält, dann enthalten 5,16 Kilo also 8,53 x 5,16 = 44 MJ.
Ein zweites Grundfutter soll unser Familienpferd nicht bekommen. Um zu ermitteln, wieviel Ergänzungsfutter es zu seinem Heu bekommen muß, müssen wir also zunächst die Bilanz ausrechnen.
Trockenmasse paßt noch in das Pferd hinein, es braucht noch 31 MJ Energie und noch fast 100 Gramm Eiweiß. Der Mineralstoffbedarf ist, außer bei Natrium, bereits gedeckt. Natrium stellen Sie am besten über einen Salzleckstein bereit. Wir müssen nun also nur noch darüber nachdenken, mit welchem Kraftfutter wir dem Pferd am besten 31 MJ Energie und 100 Gramm Eiweiß zuführen. Nun wälzen Sie mal Ihre Futterwerttabellen! Wenn Sie als erstes die Idee haben, Hafer zu füttern, werden Sie feststellen, daß Hafer wie die meisten anderen Getreide circa 11 bis 13 MJ pro Kilo enthält. Man würde also ungefähr drei Kilo Hafer brauchen, um das

Berechnung einer Beispielsration für ein Großpferd

	Futtermittel	Menge (kg)	entspricht TM (kg)	Verdauliche Energie (MJ)	Verdauliches Eiweiß (g)	Ca (g)	P (g)	Na (g)
Bedarf			13,75	75	360	23	14	9
1. Strukturfutter	Heu	6	5,16	44	263	25,8	17,5	3,1
2. Grundfutter								
Bilanz (Bedarf minus zugeführtem Futter)			8,59	31	97	+2,8	+3,5	5,9
3. Ergänzung								
4. Ergänzung								
Bilanz								
Bemerkungen								

Pferd mit der nötigen Energie zu versorgen. Mit diesen drei Kilo Hafer würde man aber ungefähr 250 Gramm Eiweiß in die Ration einbringen, also circa 150 Gramm mehr als gewünscht. Ist Ihr Pferd gesund und fit, so ist eine Eiweiß-Überversorgung in dieser Größenordnung kein Problem. Hatte es aber schon einmal Hufrehe oder wissen Sie, daß es im Frühjahr auf der Weide immer dicke Beine bekommt, also etwas eiweißempfindlich ist, dann sollten Sie überlegen, ob Sie den Hafer nicht lieber

durch Mais oder durch Trockenschnitzel ersetzen wollen. Beide enthalten weniger Eiweiß als der Hafer.
Wenn Sie sich für Mais entscheiden, sieht Ihr Formular am Schluß so aus:

Berechnung einer Beispielsration für ein Großpferd

	Futtermittel	Menge (kg)	entspricht TM (kg)	Verdauliche Energie (MJ)	Verdauliches Eiweiß (g)	Ca (g)	P (g)	Na (g)
Bedarf			13,75	75	360	23	14	9
1. Strukturfutter	Heu	6	5,16	44	263	25,8	17,5	3,1
2. Grundfutter								
Bilanz (Bedarf minus zugeführtem Futter)			8,59	31	97	+2,8	+3,5	5,9
3. Ergänzung	Körnermais	2	1,76	27,2	128	0,7	5,6	0,2
4. Ergänzung								
Bilanz			6,83	-3,8	+31	+3,5	+9,1	5,7
Bemerkungen				o.k.	o.k.			Viehsalz

Sie sehen, daß Sie die Ration mit Mais sehr ausgeglichen hinbekommen. Mit drei Kilo Hafer anstelle der zwei Kilo Mais hätten Sie eine Unterversorgung bei der Energie und eine mittelmäßige Überversorgung beim Eiweiß erreicht.

Das Ca:P-Verhältnis in dieser Ration beträgt 26,5 Gramm zu 23,1 Gramm, also ungefähr 1:1. Ideal wäre ein Verhältnis von 2:1, aber 1:1 ist für Pferderationen noch in Ordnung. Natriummangel herrscht in den meisten Rationen, so daß es immer gut ist, wenn die Pferde einen Salzleckstein zur freien Verfügung haben. Salzlecksteine und Viehsalz enthalten circa 37% Natrium. Das heißt: Um die benötigten 5,7 Gramm Natrium bereitzustellen, müssen Sie ungefähr dreimal so viel Viehsalz füttern, also circa 17 Gramm.

Beispiele für unterschiedliche Rationen

In der Tabelle auf der nächsten Seite finden Sie einige Beispiele für typische Rationen, so daß Sie erkennen können, wie sich die Ansprüche an die Ration mit steigender Arbeitsbelastung des Pferdes verändern.
Sie finden Beispiele für:

- die typische Heu-Hafer-Ration
- eine Ration mit Körnermais
- eine Ration mit Maissilage
- eine Ration mit Trockenschnitzeln

Bei allen diesen Beispielsrationen gilt, daß ein Salzleckstein zur Verfügung stehen muß! Bedenken Sie außerdem, daß in dieser Tabelle mit Mittelwerten gerechnet wurde. Haben Sie einen ausgesprochen schwerfuttrigen Vollblüter, so kann es sein, daß Sie mit 10 bis 20% mehr Bedarf rechnen müssen. Handelt es sich bei Ihrem Pferd dagegen um eine genügsame Polenkreuzung, dann können Sie wahrscheinlich von 10% weniger Bedarf ausgehen. Ein Leerformular zur Berechnung der Ration für Ihr Pferd finden Sie auf Seite 189.

Rationen für Großpferde mit einem Körpergewicht von 550 Kilogramm (Futtermengen in Kilogramm Frischmasse pro Tag)

		Wochen-end-pferd	Familien-pferd	Turnier-pferd	Arbei-tendes Pferd
Bedarf		68 MJ En. 330 g Eiw.	75 MJ En. 360 g Eiw.	90 MJ En. 440 g Eiw.	110 MJ En. 550 g Eiw.
Ration mit					
Heu und Hafer	Heu Hafer	10 / 8 1	6 3	6 4	4 7
	Gehalt: En. Eiw.	73,3 /70,2 439 / 436	78,6 519	90 604	109,8 773
Heu und Körnermais	Heu Körnermais	8 1	6 2	6 3,4	4 6
	Gehalt: En. Eiw.	72,4 415	71,2 381	90,2 481	110,3 560
Maissilage	Maissilage Heu Hafer	11 3 –	13 3 –	13 3 1,5	13 3 3
	Gehalt: En. Eiw.	67 339	77 377	94 505	110 631
Trocken-schnitzeln	Heu Trockenschn. Hafer Körnermais	8 1 – –	6 2 0,5 –	6 2 2 –	6 2 1,5 2
	Gehalt: En. Eiw.	70,5 416	73,4 436	90,4 564	111,6 639

Praktische Rationen für robuste Kleinpferde

Ein anschauliches Beispiel dafür, wie wichtig die richtige Fütterung auch bei robusten Kleinpferden ist: Diesen Norweger kann man beim besten Willen nur als fett bezeichnen.

Nicht ganz zufällig fallen die meisten Vertreter der Robustrassen auch in die Kategorie Kleinpferde. Die Definition ist schwierig – in diesem Kapitel soll es um Pferde gehen, die ein Stockmaß zwischen 1,30 und 1,55 Metern haben und vom Körperbau her in der Lage sind, einen Erwachsenen zu tragen. Auch viele Araber fallen in diese Stockmaßeinteilung und können ebenfalls robust gehalten werden, aber sie gehören nicht zu den ausgesprochenen Robustrassen. Für die Fütterung von Pferden mit starkem Araber- oder Vollbluteinschlag gilt das, was im Kapitel über die Fütterung von Großpferden gesagt wurde. Dorthin gehören auch viele der edleren, größeren Ponyrassen wie beispielsweise Deutsches Reitpony, New Forest und Connemara.

Zu den Robustrassen zählen wohl unbestritten die Isländer und die Norweger (Fjordpferde). Die meisten Haflinger fallen ebenfalls in diese Kategorie, wenn sie nicht einen starken arabischen Einschlag haben. Auch viele Ponyrassen und Ponykreuzungen (Dülmener, Welsh Cob, Dartmoor, Bosniaken und so weiter) gehören aufgrund ihres Körperbaus und ihrer Futtergenügsamkeit zu den Robustpferden.

Wenn Ihr Kleinpferd einer bestimmten Rasse angehört, muß das noch nicht unbedingt heißen, daß es zu den genügsamen Robustpferden zu zählen ist. Bei den meisten Rassen gibt es große Unterschiede zwischen den einzelnen Pferden – besonders bei solchen, die durch Einkreuzungen veredelt werden. Sehen Sie sich Ihr Pferd an und lassen Sie Ihren gesunden Menschen- beziehungsweise Pferdeverstand walten.

Die Robustpferde zeichnen sich dadurch aus, daß sie einen recht kompakten Körperbau haben – so ein Gebäude spart Energie, weil nicht so viel Körperwärme abgestrahlt wird. Sie bekommen ein dichtes, langes Winterfell, das oft sogar zweilagig ist: Unterwolle und Deckhaar. Außerdem haben sie ein ausgeprägtes Unterhaut-Fettgewebe. Das bedeutet, daß am ganzen Körper unter der Haut eine Fettschicht eingelagert werden kann. Diese Schicht wirkt isolierend und reduziert gerade im Winter die Körperwärmeverluste.

Nicht zuletzt haben die „Robusten" meist ein ausgeglichenes Wesen und regen sich nicht so leicht auf. Wo ein Vollblüter voller Temperament mehrere Galoppsprünge machen würde, wirft der besonnene Isländer vielleicht gerade einmal den Kopf hoch. Auch das spart Energie.

Der Futterbedarf

Wenn Sie also den Energie- und Eiweißbedarf eines „Robusten" ermitteln wollen, werden Sie sich eher an die niedrigeren Werte halten, die in den Bedarfstabellen für die Gewichtskategorie Ihres Pferdes angegeben sind.
Grundsätzlich werden die robusten Kleinpferde für die gleichen Zwecke eingesetzt wie ihre etwas größeren Kollegen aus dem Warmblutlager. Wir wollen also auch für diese Pferde die Einteilung in Wochenendpferd, Familienpferd, Turnierpferd und arbeitendes Pferd beibehalten – siehe Seiten 121/122.
Als Gewicht für einen durchschnittlichen Isländer, Haflinger oder Norweger kann man etwa 350 bis 400 Kilogramm annehmen. Die ungefähren Bedarfswerte für ein 400-Kilo-Pferd können Sie der Tabelle auf der nächsten Seite entnehmen.
Denken Sie bei Ihrer Bedarfs- und Rationsplanung daran, daß gerade robust gehaltene Pferde im Winter häufig anders „genutzt" werden als im Sommer. Oft werden sie in der kalten Jahreszeit weniger und langsamer geritten – mit Rücksicht auf schneebedecktes Gelände und auf die Tatsache, daß das schweißnasse Winterfell zum Trocknen geradezu ewig braucht. Bei den wirklichen Ro-

	Verdauliche Energie (MJ)	Verdauliches Eiweiß (g)	Ca (g)	P (g)	Na (g)
Wochenendpferd (Erhaltung)	54	268	14	8	5
Familienpferd (leichte Arbeit)	58	300	17	10	7
Turnierpferd (mittlere Arbeit)	70	350	19	12	22
Arbeitendes Pferd (schwere Arbeit)	85	450	22	14	30

busten brauchen Sie übrigens erst dann einen „Kälte-Zuschlag" zum Futter, wenn es wirklich einmal tagelang unter minus 10 °C hat. Sehen Sie sich Ihren Isi im Winterfell bei null Grad einmal genau an – er schwitzt!

Die am besten geeigneten Futtermittel

Gerade weil die meisten „Robusten" auch robust im Offenstall gehalten werden, ist Heu oder anderes Rauhfutter das Futter der Wahl. Erinnern Sie sich an die wärmende Wirkung von Rohfaser? Rauhfutter wirkt also als innere Heizung.
Oft heißt es, daß man den Robustpferden hauptsächlich Grundfutter geben sollte, weil sie von Kraftfutter „spinnert" würden. Tatsächlich werden Robustpferde von Kraftfutter nicht mehr und nicht weniger spinnert als Großpferde. Jedes Pferd wird übermütig, wenn es zu viel Energie erhält. Ein Körnchen Wahrheit ist aber schon dabei: Wenn ein Pferd nämlich praktisch nie Kraftfutter

bekommt, ist es nicht an die schnell verfügbare Energie dieses Futters gewöhnt. Erhält ein solches Pferd dann ausnahmsweise einmal Kraftfutter, geht es ihm wie einem Menschen, der normalerweise zuckerhaltige Produkte meidet und plötzlich eine halbe Tafel Schokolade verzehrt: Dieser Mensch wird sich von einer Minute auf die andere so richtig energiegeladen fühlen und gar nicht wissen, wohin mit seiner Kraft. Die Begründung dafür ist ganz einfach: Die schnell verfügbare Energie aus dem Kraftfutter (oder der Schokolade) wird sehr rasch in das Blut absorbiert, und infolgedessen steigt der Blutzuckerspiegel. Ein hoher Blutzuckerspiegel bedeutet nichts anderes, als daß dem Körper plötzlich jede Menge Energie für den sofortigen Verbrauch zur Verfügung steht – kein Wunder, daß Ihr sonst so ruhiges Robustpferd dann plötzlich losbuckelt!

Machen Sie also nicht den Fehler, Ihrem Robustpferd, das Sie sonst nur mit Heu für den Erhaltungsbedarf füttern, schnell einmal zwei Schaufeln Hafer zu geben, weil Sie eine Stunde später zu einem Halbtagesritt aufbrechen wollen. Wenn es vorher genügend Heu gefressen hat, steht ihm für den Ritt ausreichend Energie zur Verfügung. Geben Sie ihm nach dem Ritt eine größere Portion Heu als sonst, um ihm die verbrauchte Energie wieder zuzuführen. Wenn Sie eine größere Tour vorhaben, müssen Sie Ihr Pferd ohnehin lange darauf vorbereiten und ihm Kondition antrainieren, und in dieser Phase können Sie es auch allmählich an größere Kraftfuttermengen gewöhnen.

Füttern Sie Ihr Pferd nicht nach der Leistung, die Sie ihm vielleicht abverlangen wollen, sondern nach der Leistung, die es tatsächlich erbracht hat.

Beispiele für praktische Rationen

Die Tabelle rechts zeigt, daß es schwer ist, die „Robusten" mit Cobs zu füttern, ohne ihnen dabei erheblich mehr Eiweiß zuzuführen, als ihnen guttut! Denken Sie daran, daß immer ein Salzleckstein zur Verfügung stehen muß – vor allem dann, wenn das Pferd viel schwitzt. Gerade für Robustpferde im Offenstall wird man oft Heu in einer Rundraufe oder ähnlichem anbieten, aus der sich die Pferde jederzeit bedienen und so viel fressen können, wie sie wollen. Wissenschaftlich nennt man das übrigens Ad-libitum-Fütterung. „Ad libitum" ist lateinisch und bedeutet „nach Belieben". Wenn Sie es mit leichtfuttrigen Pferden zu tun haben, die auch nicht gerne von selbst mit dem Fressen aufhören, können die Tiere leicht zu dick werden. Dann sollten Sie gezielt Heu füttern, das sehr spät geschnitten wurde und dadurch wenig Nährstoffe hat. Oft wird in Anzeigen „Heu aus der Landschaftspflege" angeboten – das bedeutet, daß die Bauern eine Ausgleichszahlung bekommen, wenn sie die Wiesen spät im Jahr mähen, so daß die am Boden brütenden Vögel nicht gestört werden. Dieses Futter wird erst gegen Ende der Blüte oder sogar im überständigen Stadium geschnitten. Der Preis für dieses Heu sollte seinen niedrigen Futterwert widerspiegeln, aber für die Ad-libitum-Fütterung ist es ideal. Voraussetzung ist natürlich, daß die hygienische Qualität stimmt, das Heu also nicht schimmlig oder anderweitig verdorben ist. Bei reiner Heufütterung ist das Ca:P-Verhältnis, das ja ungefähr 2:1 betragen sollte, meist optimal, und auch der Bedarf ist reichlich gedeckt. Ein Mineralleckstein schadet zwar nie, er ist aber nicht unbedingt nötig.

Rationen für robuste Kleinpferde mit einem Körpergewicht von 400 Kilogramm (Futtermengen in kg Frischmasse/Tag)

		Wochen-end-pferd	Familien-pferd	Turnier-pferd	Arbei-tendes Pferd
Bedarf		54 MJ En. 268 g Eiw.	58 MJ En. 300 g Eiw.	70 MJ En. 350 g Eiw.	85 MJ En. 450 g Eiw.
Heu und Hafer	Heu Hafer	6,5 —	7 —	8 / 7 — / 1	6 3
	Gehalt: En. Eiw.	55 332	59,5 357	68 / 71,4 409 / 442	85,6 562
Weide-gang	Gras, i.d. Blüte Weizenstroh Körnermais	15 5 —	18 4,5 —	20 5 —	15 — 3,5
	Gehalt: En. Eiw.	54 311	58 357	67,6 426	85 523
Maissilage	Maissilage Heu Hafer	13 / 10 — / 3 — / —	13 / 10 2,5 / 4 — / —	15 3 —	10 4 2
	Gehalt: En. Eiw.	54,6 / 52,7 246 / 290 Mit Stroh ergänzen!	58,6 / 60 318 / 335	68,4 372	83 505
Körner-mais	Heu Körnermais	7,5 —	8 —	8 1	7 2,5
	Gehalt: En. Eiw.	54,8 330	58,4 352	72,1 416	85,4 468
Cobs	Grascobs Haferstroh Heu	— / 1 4 / 3 4,5 / 3,5	1,5 3 4	2 3 4,5	2,5 3,5 6
	Gehalt: En. Eiw.	55,7 / 52,3 243 / 319	60,7 390	69,3 473	87,8 605

Praktische Rationen für Ponys

Unter Ponys verstehen wir hier diejenigen Vertreter der Pferdefamilie, die kleiner als ungefähr 1,30 Meter sind, so daß sie von Erwachsenen im Normalfall nicht geritten werden können. Die typischen Kinderponys also, wobei auch hier die Spanne vom vorwitzigen Shetty für den vierjährigen Sprößling bis zum edlen Reitpony für die Turnierteilnahme reicht. Ob edel oder robust – gemeinsam haben Pferde dieser Größenordnung meist, daß die Arbeitsbelastung nicht sehr hoch ist. Meist steht man bei ihnen vor dem Problem, sie so zu füttern, daß sie möglichst lange mit dem Futter beschäftigt sind, ohne aus allen Nähten zu platzen.

Der Futterbedarf

Die Körpergewichte von Ponys reichen von 160 Kilogramm bei sehr feingliedrigen Shettys bis zu etwa 300 Kilogramm bei kräftig gebauten Dülmenern. Und bei einem Shetty im Winterfell kann man sich gründlich verschätzen, was das Gewicht betrifft! Machen Sie sich also wirklich einmal die Mühe, einen Wiegetermin für Ihre „Kleinen" zu organisieren.
Wenn Ihr Pony mehr zum robusten Schlag gehört, also kompakt gebaut ist, ein dichtes Winterfell bekommt,

Unterhautfettgewebe ansetzt und leichtfuttrig ist, dann wählen Sie aus der Bedarfstabelle die niedrigeren Werte für seine Gewichtsklasse. Haben Sie ein edleres Tier mit dem Gebäude eines Warmblüters, einem feinen Fell und schlechterer Futterverwertung, dann orientieren Sie sich an den höheren Bedarfswerten.
Bei der Einschätzung der Arbeitsleistung Ihrer „Kleinen" sollten Sie bedenken, daß ein Shetty keinen Futterzuschlag braucht, wenn Sie es zweimal pro Woche mit Ihrem kleinen Kind auf dem Rücken eine halbe Stunde spazierenführen. Diese geringe Schrittarbeit zählt noch zum Erhaltungsbedarf. Wird das Shetty dagegen beispielsweise angespannt und legt dabei auch längere Trabstrecken zurück, dann muß man schon von Arbeit sprechen. Umgekehrt dürfen Sie beim edlen Turnierpony ihrer Elfjährigen nicht den Fehler machen, zu glauben, das Pony täte nichts, weil das Kind ja nur 30 Kilo wiegt. Wenn ein 30-Kilo-Kind auf einem 250-Kilo-Pony sitzt, ist das auch nicht anders als ein 70-Kilo-Erwachsener auf einem 580-Kilo-Warmblüter! Häufig haben Kinder auch mehr Zeit für ihre Ponys als die Erwachsenen, und sie legen in ihrer Reitbegeisterung eher noch ein Galöppchen mehr ein.

	Verdauliche Energie (MJ)	Verdauliches Eiweiß (g)	Ca (g)	P (g)	Na (g)
Shetty					
• Erhaltung	32	160	7	4	3
• mittlere Arbeit	40	200	9	6	5
Welshpony					
• Erhaltung	43	216	11	7	4
• mittlere Arbeit	65	325	14	9	7

In der Tabelle auf Seite 139 ist beispielhaft zusammengestellt, wie der Bedarf eines robusten Shettys (200 Kilo) und eines edlen Welshponys (300 Kilo) aussehen kann, wenn die Tiere nur nach Erhaltungsbedarf oder für mittlere Arbeit gefüttert werden müssen.
Für das robuste, leichtfuttrige Shetty wurden immer die unteren Bedarfswerte der Spanne gewählt, für das edlere, schwerfuttrigere Welshpony die oberen.

Die am besten geeigneten Futtermittel

Grundsätzlich gelten für kleine Ponys dieselben Fütterungsgrundsätze wie für alle anderen Pferde: Das Futter muß genügend strukturierte Rohfaser enthalten, der Energiebedarf muß gedeckt werden, zu viel Eiweiß ist zu vermeiden, das Ca:P-Verhältnis muß stimmen. Bei den kleinen Ponys, die erstaunlich wenig Futter brauchen, kommt es sehr leicht zu einer Eiweiß-Überfütterung und damit zu den entsprechenden Erkrankungen. Bei den „Kleinen“ muß man also noch mehr als bei allen anderen Pferden darauf achten, nicht zu viel Eiweiß zu verfüttern.
Für den Erhaltungsbedarf sollte man nur Grundfutter einsetzen: spät geschnittenes Heu, Maissilage oder Cobs in Kombination mit Stroh. Grassilage an Shettys zu verfüttern, kann problematisch sein, weil normale Grassilagen recht hohe Eiweißgehalte haben. Nur bei Silagen aus spät geschnittenem Gras ist der Eiweißgehalt geringer. Beim Weidegang für die „Kleinen“ ist ebenfalls große Vorsicht geboten. Auf keinen Fall darf man sie den ganzen Tag auf eine große Weide mit jungem Gras oder mit hohem Kleeanteil stellen – die Hufrehe läßt

grüßen! Auf solche Weiden dürfen die Ponys nur stundenweise. Als Ausgleich zum eiweiß- und energiereichen Weidegras muß immer ausreichend Stroh zur Verfügung stehen.
Für arbeitende Ponys eignen sich dieselben Kraftfuttermittel wie für die „Großen". Denken Sie aber daran, daß kleine Ponys ganze Haferkörner schlecht kauen können, weil sie Schwierigkeiten haben, die Körner auf den Kauflächen ihrer kleinen Zähne zu balancieren. Für Turnierponys lohnt es sich also meist, Hafer zu quetschen. Denken Sie auch daran, wie klein der Magen eines Ponys ist. Die Kraftfutterportionen dürfen nicht zu groß sein, damit der Magen nicht überfüllt wird.
Die Robustponys sind oft auch sehr robust, was ihre Futterauswahl angeht. Sie klauben sich die guten Cobs aus dem, was man am Boden der Futterkammer zusammengekehrt hat, sie fressen den Hafer noch, in dem die Katzen waren, und sie suchen sich aus dem schimmligen Heu sorgfältig die guten Halme heraus. Machen Sie nicht den Fehler, Ihr Shetty als „Mülleimer" für all das einzusetzen, was Sie Ihrem mäkeligen Warmblüter nicht zumuten wollen! Auch ein Shetty kann nur ein gewisses Maß an Staub, Schimmelsporen und Bakteriengiften verkraften, ohne krank zu werden.

Beispiele für praktische Rationen

Beachten Sie bei den Rationen auf Seite 143, daß zum Beispiel die zweite Cobsration für ein Shetty bei mittlerer Arbeit zu viel Eiweiß enthält – gute Cobs sind in größeren Mengen einfach zu eiweißreich für ein Robust-

Ponys sollten nach Möglichkeit spät geschnittenes Heu zu fressen bekommen.

pony. Dasselbe gilt für die zweite Cobsration für das Welshpony bei mittlerer Arbeit. Eine gute und einfache Sache für solche Ponytypen sind dagegen Rationen mit Heu und Körnermais.
Zusätzlich zur Maissilage oder zur Weide können Sie ruhig Weizenstroh verwenden, auch wenn es sonst wegen des hohen Gehalts an Lignin („Holzstoff") nicht in größeren Mengen eingesetzt werden sollte. Maissilage hat wenig strukturierte Rohfaser, so daß Struktur aus Stroh ergänzt werden muß – natürlich könnte man auch Heu einsetzen, aber Heu enthält zu viele Nährstoffe. Und Weizenstroh ist nun mal viel leichter zu bekommen als Haferstroh!
Und auch für die ganz Kleinen gilt: Ein Salzleckstein sollte immer vorhanden sein. Praktisch keine Ration enthält genügend Natrium für ein Pony, das bei der Arbeit schwitzt.

Rationen für ein robustes Shetty (200 Kilo) und für ein edleres Welshpony mit einem Körpergewicht von 300 Kilo (Futtermengen in Kilogramm Frischmasse pro Tag)

		Shetty, Erhaltung	Shetty, mittlere Arbeit	Welsh, Erhaltung	Welsh, mittlere Arbeit
Bedarf		32 MJ En. 160 g Eiw.	40 MJ En. 200 g Eiw.	43 MJ En. 216 g Eiw.	65 MJ En. 325 g Eiw.
Ration mit					
Heu und Hafer	Heu Hafer	4,5 –	5,5 / 5 – / 0,5	6 / 5 – / 0,5	7 1
	Gehalt: En. Eiw.	32,9 198	40,2 / 42,2 242 / 263	43,8 / 42,2 264 / 263	62,6 393
Heu und Körnermais	Heu Körnermais	4,5 –	5,5 / 5 – / 0,5	6 / 5 – / 0,5	7 1
	Gehalt: En. Eiw.	32,9 198	40,2 / 43,3 242 / 252	43,8 / 43,3 264 / 252	64,8 372
Weidegang	Gras, i.d.Blüte Weizenstroh Heu	10 2,5 –	12 2 1	12 / 12 2 / 4 1 / –	15 3 2,5
	Gehalt: En. Eiw.	32,3 201	41,5 276	41,5 / 43,6 276 / 249	63,5 405
Maissilage	Maissilage Heu	5 2	8 2,5	8 2,5	12 4
	Gehalt: En. Eiw.	30,1 168	43 238	43 238	66,1 367
Cobs	Cobs Haferstroh Heu	1 / 1 3 / 4,5 1 / –	1,5 / 2 5 / 3 – / 1	1,5 / 2 5 / 3 – / 1	1 / 2 2 / 2 6 / 5
	Gehalt: En. Eiw.	34 / 35,2 198 / 171	42,9 / 43,7 240 / 319	42,9 / 43,7 240 / 319	64,8 / 64,7 407 / 467

Sonderfälle

Es gibt ein paar Fälle, für die die allgemeinen Regeln nur bedingt gelten. Stuten, die Milch geben (also laktierende Stuten), brauchen große Mengen an Eiweiß und Calzium. Fohlen benötigen viel Energie, Eiweiß und Mineralstoffe, und alte Pferde können aus der Futterration, die sie schon vor drei Jahren bekommen haben, nicht mehr genügend Nährstoffe ziehen: Sie magern ab, obwohl man sie doch genauso füttert wie immer ...

Zuchtstuten

Pferdestuten sind elf Monate lang trächtig. Normalerweise werden sie im Frühjahr gedeckt und bringen entsprechend im Frühjahr des nächsten Jahres ihre Fohlen zur Welt, so daß die Pferdekinder mit dem nährstoffreichen Frühlingsgras aufwachsen können.

Um den Decktermin herum braucht eine Zuchtstute keine größeren Futtermengen als sonst: Als sehr günstig hat es sich aber erwiesen, wenn sie schon circa ab der zweiten Woche vor dem Decken mehr Vitamin A beziehungsweise dessen Vorstufe, ß-Carotin, erhält. Das erhöht die Wahrscheinlichkeit, daß sie trächtig wird. ß-Carotin ist zum Beispiel in Karotten in größeren Mengen enthalten, aber auch in Cobs. Gras, Klee und Luzerne enthalten

ebenfalls viel Carotin. Im Heu ist im Frühjahr kaum mehr ß-Carotin zu finden; es baut sich über den Winter ab. Der Decktermin fällt ohnehin ins Frühjahr, so daß Sie die Stute am besten auf die Weide stellen – dort bekommt sie um diese Jahreszeit Futter höchster Qualität mit einem hohen natürlichen Carotingehalt.
Machen Sie nicht den Fehler, Ihre Stute mit Kraftfutter vollzustopfen, sobald sie gedeckt ist – nach dem Motto: „Aber sie ist doch trächtig!" In den ersten sieben Monaten der Trächtigkeit wächst das Fohlen im Mutterleib so langsam, daß Sie die Stute nach Erhaltungsbedarf füttern können. Wenn Sie sie noch reiten (was in dieser Zeit ebenfalls möglich ist, wenn Sie ein wenig Rücksicht nehmen), füttern Sie entsprechend der Arbeitsleistung. Allerdings sollten Sie noch mehr als sonst darauf achten, daß die Qualität des Futters einwandfrei ist. Giftstoffe aus schlechter Silage und angeschimmeltem Heu können dazu führen, daß die Stute das Fohlen verliert.

Die hochträchtige Stute

Im achten Monat der Trächtigkeit können Sie allmählich anfangen, die Stute an steigende Kraftfuttermengen zu gewöhnen. Ab dieser Zeit zeigt das Fohlen im Mutterleib ein stärkeres Wachstum. Wenn Sie darüber nachdenken, was da wächst, dann wissen Sie auch, wovon die Stute nun mehr braucht: Das Fohlen muß Knochen bilden, und die bestehen hauptsächlich aus Calzium und Phosphor. Außerdem muß es Fleisch und Muskeln ansetzen – und dafür braucht es hauptsächlich Eiweiß. Für Ihre Stute ist nun also ein eiweißhaltiges Kraftfutter mit hohem Calzium- und Phosphorgehalt sinnvoll. Sie können auch ein Einzelfuttermittel mit hohem Ei-

weißanteil (zum Beispiel Sojaschrot) und ein passendes Mineralfutter mit hohem Ca- und P-Gehalt einsetzen. Steht die Stute auf einer guten Weide mit jungem Gras, so müssen Sie im achten Monat außer Mineralfutter noch nicht viel zufüttern. Der achte Monat fällt allerdings normalerweise auf den Zeitraum Oktober bis Dezember, und wer hat da schon Weidegras zu bieten?
Der Eiweiß- und Energiebedarf hochtragender Stuten ist in der folgenden Tabelle aufgelistet. Den Bedarf an wichtigen Mineralstoffen, Spurenelementen und Vitaminen können Sie der Tabelle auf Seite 101 entnehmen.

Bedarf an verdaulichen Nährstoffen für tragende Stuten pro Tag

Stute, ausgewachsen (Körpergewicht in kg)	Trächtigkeitsmonat 8.		Trächtigkeitsmonat 9. – 11.	
	En. (MJ)	Eiw. (g)	En. (MJ)	Eiw. (g)
100	23	130	25	165
200	39	220	43	275
300	53	305	59	375
400	66	380	74	470
500	79	450	88	560
600	91	515	101	640
700	102	585	114	725
800	113	645	126	800

(Quelle: DLG-Futterwerttabellen Pferd, siehe Seite 191)

Im neunten, zehnten und elften Monat der Trächtigkeit wächst das Fohlen schnell. Die Stute hat einen etwas höheren Energiebedarf als sonst und einen deutlich höheren Eiweiß-, Calzium- und Phosphorbedarf. Obwohl man das Reiten jetzt allmählich einschränken sollte, muß man die Stute also füttern wie für leichte bis mittlere Arbeit. Verwenden Sie jetzt übrigens am besten das Kraftfutter, das Sie auch nach dem Abfohlen einsetzen wollen. Es wäre nicht gut für die Stute, wenn zu der Belastung durch die Geburt noch eine Futterumstellung käme.

Faustregeln für trächtige Stuten

Im achten Monat der Trächtigkeit braucht eine Warmblutstute täglich zusätzlich 8,4 MJ Energie und 105 Gramm Rohprotein, im neunten und zehnten Monat 17 MJ Energie und 110 Gramm Rohprotein und im elften Monat 26 MJ Energie und 320 Gramm Rohprotein.
Grobe Fütterungsregeln: Im achten Monat benötigt die Stute pro Tag ein Kilo Hafer zusätzlich, im neunten und zehnten Monat zwei Kilo und im elften Monat drei Kilo.

So sehr die meisten Pferdehalter an der traditionellen Heu-Hafer-Ration hängen – für eine hochtragende Stute sollte man das noch einmal überdenken. Wenn Sie der Stute in diesem Stadium der Trächtigkeit weiterhin „nur" Heu und Hafer füttern wollen, müssen Sie sorgfältig ausrechnen, welche Mineralfutterergänzung sie braucht. Beim Eiweiß kommt das Problem hinzu, daß es sehr unterschiedlich zusammengesetzt sein kann. Was Ihre Stute benötigt, sind größere Mengen der Aminosäuren Lysin und Methionin. Das Eiweiß im Hafer enthält davon viel weniger als etwa das Eiweiß im Sojaschrot.

Heu und Hafer reichen als Futter für eine hochtragende Stute nicht aus.

Nur mit Heu und Hafer kann man eine hochtragende Stute nicht vollwertig füttern. Mit Weide und Hafer kann es gelingen, wenn Sie ein passendes Mineralfutter dazugeben. Die Heu-Hafer-Ration müssen Sie mit hochwertigen Eiweißträgern wie Sojaschrot oder guten Cobs aufwerten. Wenn es Ihnen zu mühsam ist, sich spezielle Futtermitteltabellen zu besorgen, in denen für viele Futterarten auch die Gehalte an bestimmten Aminosäuren aufgeführt sind, sollten Sie lieber zum fertigen Zuchtstutenfutter greifen.
Wie die Tabelle rechts zeigt, ergibt sich bei vielen Rationen für hochtragende Stuten ein Eiweißüberschuß, weil man so viel hochwertiges Eiweiß braucht. Solange diese Eiweiß-Überversorgung im Rahmen von ungefähr 20% bleibt, ist das bei einer hochtragenden Stute unproblematisch.

Die säugende Stute

Ist der spannende Tag vorbei und das Fohlen da, dann haben Sie eine Stute zu füttern, die Milch für ihr Kleines produzieren muß. Und davon nicht wenig! Eine Shettystute gibt in den ersten drei Monaten der Säugezeit durchschnittlich acht Liter Milch pro Tag, eine Warmblutstute ungefähr 18 Liter – die „Kleinen" produzieren also mehr Milch pro Kilogramm Körpergewicht als die

Beispielsrationen für eine hochtragende Stute mit einem Körpergewicht von 600 Kilogramm (Futtermengen in Kilogramm Frischmasse pro Tag). Zu allen angegebenen Rationen müssen täglich 50 Gramm Mineralfutter zugefüttert werden!

		8. Monat	9. – 11. Monat
Bedarf		91 MJ En. 515 g Eiw.	101 MJ En. 640 g Eiw.
Heu und Hafer	Heu Hafer	8 3	8 4
	Gehalt: En. Eiw.	93 608	104,4 693 Eiweißqualität nicht ausreichend!
Weidegang	Gras, im Ährenschieben Heu Körnermais Trockenschnitzel	35 2,5	35 / 35 2 / 2 1 / – – / 1
	Gehalt: En. Eiw.	92 852	102 / 101,3 895 / 867
Maissilage	Heu Maissilage Grüncobs Trockenschnitzel Sojaschrot	4 10 3 – –	4 / 4 10 / 10 4 / – – / 2 – / 1
	Gehalt: En. Eiw.	89 697	98,5 / 101,3 817 / 856
Grassilage	Heu Grassilage Körnermais	4 10 1,5	4 10 2,5
	Gehalt: En. Eiw.	89 647	102,5 711

„Großen“. Hauptbestandteile der Milch sind Milchzucker, Milcheiweiß, Milchfett und Calzium. Die Stute braucht jetzt also mehr Energie, mehr Eiweiß und mehr Mineralstoffe im Futter. Denken Sie auch an das ß-Carotin, falls Sie die Stute gleich wieder decken lassen wollen!

Bedarf an verdaulichen Nährstoffen für säugende Stuten pro Tag

Stute, ausgewachsen (Körpergewicht in kg)	Fohlenalter, in Monaten					
	1		3		5	
	En. (MJ)	Eiw. (g)	En. (MJ)	Eiw. (g)	En. (MJ)	Eiw. (g)
100	35	335	37	310	31	230
200	59	560	62	520	52	390
300	81	760	85	710	71	525
400	100	945	105	875	88	655
500	118	1115	124	1040	104	755
600	135	1275	142	1185	119	885
700	152	1435	159	1330	134	995
800	168	1585	176	1470	148	1100

(Quelle: DLG 1995, verändert, siehe Seite 191)

Steigern Sie die Kraftfuttermenge nach dem Abfohlen langsam, zum Beispiel jeden Tag um 250 Gramm. Auch die Milchproduktion der Stute setzt nicht sofort in voller Höhe ein, sondern wird allmählich gesteigert – also

müssen Sie auch nicht auf einen Schlag die volle Kraftfuttermenge (bei einer Warmblutstute immerhin bis zu zehn Kilo) geben, die Ihre Stute für die 18 Liter Milch brauchen würde.
Sie werden feststellen, daß in den Beispielsrationen auf der nächsten Seite keine Ration mit Körnermais vorkommt. So gut man dieses Futter für Reitpferde und Ponys einsetzen kann – für säugende Stuten ist es nicht geeignet. Diese Stuten brauchen so viel Eiweiß und das in so hochwertiger Zusammensetzung, daß Körnermais nicht das Futter der Wahl ist.

Bis das Fohlen ungefähr drei Monate alt ist, steigt die Milchmenge der Stute – schließlich wächst das Fohlen ja schnell und braucht immer mehr Nährstoffe. Ungefähr ab dem vierten Lebensmonat des Fohlens gibt die Stute allmählich immer weniger Milch – das Fohlen nimmt zunehmend Nährstoffe aus anderen Quellen auf.

In dem Maße, in dem die Milchleistung nachläßt, müssen Sie auch die Kraftfuttermenge verringern. Mit ungefähr sechs Monaten sollten Sie das Fohlen absetzen. Dann brauchen Sie die Stute nur noch für den reinen Erhaltungsbedarf zu füttern. Sie können also ausrechnen, wie Sie die Kraftfuttermenge verringern müssen: Wenn Ihre Stute bis zum Ende des dritten Lebensmonats des Fohlens acht Kilo Kraftfutter pro Tag bekommen hat und zu Ende des sechsten Monats nur noch zwei Kilo erhalten soll, müssen Sie innerhalb von drei Monaten sechs Kilo Kraftfutter „abbauen". Das ist leicht zu bewerkstelligen, indem Sie jede Woche ein Pfund Kraftfutter weniger geben.

Beispielsrationen für eine säugende Stute mit einem Körpergewicht von 600 kg, abhängig vom Alter des Fohlens (Futtermengen in kg Frischmasse/Tag). Zu allen angegebenen Rationen müssen täglich 70 bis 100 g Mineralfutter zugefüttert werden!

Fohlenalter		1 Monat	3 Monate	5 Monate
Bedarf		135 MJ En. 1275 g Eiw.	142 MJ En. 1185 g Eiw.	119 MJ En. 885 g Eiw.
Heu und Hafer	Heu	8	8	8
	Hafer	5,5	6	4,5
	Sojaschrot	1	1	0,5
	Gehalt: En.	136,6	142,3	117,7
	Eiw.	1267	1309	959
Weidegang	Gras, im Ährenschieben	35	30	30 *
	Heu	3	2	5
	Hafer	4	6	2
	Gehalt: En.	141	146,6	121,3
	Eiw.	1215	1234	927
Maissilage	Heu	4	3	3
	Hafer	4	3	3
	Maissilage	12	10	12
	Sojaschrot	1,5	2	0,5
	Trockenschnitzel	–	2	1,5
	Gehalt: En.	134,5	143,5	120,7
	Eiw.	1379	1515	858
Grassilage	Heu	3	3	3
	Grassilage	15	12	15
	Hafer	3	5	3,5
	Sojaschrot	1,5	1	–
	Gehalt: En.	137,4	141,1	120,7
	Eiw.	1622	1454	993

* Hier Gras in der Blüte. Allmählich kann wieder mehr Rohfaser gegeben werden.

Fohlen und Jungpferde

Der Nährstoffbedarf von Fohlen sieht ganz anders aus als der von erwachsenen Pferden. Die Fohlen müssen ihr Skelett und ihre Muskeln entwickeln, brauchen also wie die trächtige Stute erhöhte Mengen an Calzium, Phosphor und Eiweiß – und das Eiweiß muß hochwertig zusammengesetzt sein, mit viel Lysin und Methionin. Außerdem muß Fohlenfutter sehr gut verdaulich sein, denn die Darmbakterien müssen sich erst noch entwickeln, und bestimmte Verdauungsenzyme werden noch nicht gebildet.
Am besten ist es, wenn das Fohlen neben seiner Mutter auf der Weide Gras naschen kann und man ihm ungefähr ab dem zehnten Lebenstag in einer besonderen Krippe ein Fohlenkraftfutter anbietet. Diese Fohlenkrippe ist oben mit Gitterstäben versehen, durch die zwar das schmale Fohlenmaul paßt, nicht aber das breite Maul der Mutterstute. Als Fohlenkraftfutter kann man eines der käuflichen Fertigfutter verwenden – sie heißen auch „Fohlenstarter". Diese Starter haben den Vorteil, daß hier schon hochwertige, leichtverdauliche Futtermittel mit hoher Eiweißqualität kombiniert und mit den richtigen Mengen an Mineralstoffen und Vitaminen ergänzt sind.

Weil sich Fohlen und Jungpferde so viel bewegen, ist ihr Erhaltungsbedarf vergleichsweise höher als der von erwachsenen Pferden. Man kann also zur Fütterung eines 200-Kilo-Fohlens nicht die Tabellenwerte für die Erhaltung eines erwachsenen 200-Kilo-Shettys heranziehen.
Häufig wird gesagt, Fohlenstarter müßten unbedingt Milchpulver enthalten. Müssen sie nicht – im Eiweiß

Täglicher Bedarf von Fohlen und Jungpferden an verdaulichen Nährstoffen

Lebensalter in Monaten		Körpergewicht ausgewachsen (kg)							
		100	200	300	400	500	600	700	800
3 – 6	En. (MJ)	19	32	44	54	63	73	80	87
	Eiw. (g)	150	270	375	475	580	680	765	855
7 – 12	En. (MJ)	20	34	46	57	66	74	80	86
	Eiw. (g)	155	280	380	475	540	610	670	725
13 – 18	En. (MJ)	21	36	48	59	68	77	85	91
	Eiw. (g)	130	230	315	400	485	560	630	670
19 – 24	En. (MJ)	22	36	48	59	70	79	88	96
	Eiw. (g)	125	215	290	360	445	505	570	645
25 – 36	En. (MJ)	23	38	51	63	74	84	94	103
	Eiw. (g)	120	205	280	350	415	485	560	615

des Fohlenstarters müssen sich lediglich genügend große Mengen der wichtigen Aminosäuren Lysin, Methionin und Tryptophan befinden. Futtermittel, die hohe Anteile dieser Aminosäuren enthalten, sind beispielsweise Sojaschrot, Rapsschrot, Magermilchpulver und Fischmehl. Raps- und Fischprodukte werden von Pferden aber nicht gerne gefressen.
Wenn Sie nicht so viele verschiedene Säcke in der Futterkammer stehen haben wollen, können Sie dem Fohlen auch gequetschten Hafer, Sojaschrot und genügend Mineralfutter mit hohem Calziumanteil geben.
Grundsätzlich gilt aber: Fohlen und Jungpferde gehören auf die Weide! Weidegras hat die optimale Zusammen-

setzung für Jungpferde mit ihrem hohen Eiweißbedarf, und die Tiere brauchen die Bewegung, die frische Luft, die Gesellschaft anderer junger Pferde ... Wenn Sie selbst nicht über ausreichende Koppeln verfügen, geben Sie Ihr junges Pferd den Sommer über auf eine Fohlenweide – Adressen finden Sie im Anzeigenteil jeder Pferdezeitschrift. Tun Sie Ihrem jungen Pferd auf keinem Fall das ständige Eingesperrtsein im Stall an. Deswegen finden Sie in der Tabelle auf der nächsten Seite für den Sommer auch jeweils nur Rationen mit Weidegras aufgeführt.

Fohlen und Jungpferde sollten unbedingt möglichst viel Weidegang haben.

Bei Ergänzungsfuttermitteln, die extra für Fohlen angeboten werden und die mit ihrem Gehalt an Aminosäuren, Mineralstoffen und Kräutern den Aufbau aller möglichen Gewebe fördern sollen, bezahlen Sie viel Geld für die einzelnen Nährstoffe. Wesentlich billiger kommen Sie bei etwas Nachdenken mit den entsprechenden Einzelfuttermitteln und einem angepaßten Mineralfutter weg. Füttern Sie vielseitig, und berücksichtigen Sie das Bedürfnis des Fohlens nach viel frischer Luft und Bewegung.

Beispielsrationen für Fohlen und Jungpferde mit einem Endgewicht von 600 kg, abhängig vom Alter des Fohlens (Futtermengen in kg Frischmasse/Tag). Bei Weidegang müssen täglich 30, sonst 50 bis 70 g Mineralfutter zugefüttert werden!

Alter des Fohlens in Monaten		3-6	7-12	13-18	19-24	25-36	ab 37
		Sommer	Winter	Sommer	Winter	Sommer	Winter
	Bedarf En	73 MJ	74 MJ	77 MJ	79 MJ	84 MJ	wie Reitpferd
	Bedarf Eiw.	680 g	610 g	560 g	505 g	485 g	
Heu und Hafer	Heu	anbieten	2,5		3		6
	Hafer		3,5		2,5		2,5
	Fohlenmisch.	0,5-2	—		—		—
	Sojaschrot **	—	0,8		0,5		0,25
	Trockenschn.	—	—		1,5		1
	Gehalt: En.		70,5		78		89,5
	Eiw		766		624		626
Weidegang	Gras, i.d.Blüte	anbieten		20		30	
	Heu			—		2,5	
	Fohlenmischung			3		—	
	Gehalt: En.			79,2		80,1	
	Eiw.			684		647	
Maissilage	Heu			2	2,5	3	5
	Maissilage	— *	— *	10	10	12	12
	Hafer			2	2	2	1,5
	Sojaschrot **			0,5	0,5	0,25	0,25
	Gehalt: En.			75,9	80,4	85,5	94,4
	Eiw.			641	663	605	650

* Maissilage sollte an sehr junge Fohlen nicht verfüttert werden.

** Heu-Hafer-Rationen sowie Maissilage-Rationen für Jungpferde sollten mit Sojaschrot ergänzt werden, weil die Ration sonst zu geringe Mengen einiger wichtiger Aminosäuren enthält.

Alte Pferde

Was heißt eigentlich „alt"? Sie wissen wahrscheinlich, daß man ein Lebensjahr eines Pferdes ungefähr mit drei Lebensjahren eines Menschen gleichsetzen kann. Ein 20 Jahre altes Pferd entspräche also etwa einem 60 Jahre alten Menschen. Und wie beim Menschen, so gibt es auch bei Pferden Unterschiede: Manche sind mit 20 noch topfit, andere haben in diesem Alter schon jede Menge Wehwehchen oder ernsthafte Beschwerden. Grundsätzlich sind die robusten Ponys und Kleinpferde etwas langlebiger als die Warm- und Vollblüter und auch als die Kaltblüter. Ein Warmblut, das mit 25 noch topfit ist, wird als Seltenheit gehandelt, während man von Shettys oder Isländern eigentlich erwartet, daß sie dieses Alter ohne größere Probleme erreichen. Sehen Sie sich Ihr Pferd an und lassen Sie Ihren gesunden Menschenverstand walten, um zu entscheiden, ob Sie auf das Alter Ihres Pferdes bereits Rücksicht nehmen müssen oder ob ihm noch nichts anzumerken ist.

Alte Pferde können häufig nicht gut kauen. Das kann zum einen daran liegen, daß sie Zahnhaken haben. Vor allem Haken an den Backenzähnen behindern sie beim Kauen und verletzen außerdem die Maulschleimhaut, so daß das Kauen weh tut. Solche Zahnhaken kann der Tierarzt durch Raspeln mit einer speziellen Feile entfernen. Bei älteren Pferden sollten die Zähne deswegen mindestens einmal, besser zweimal im Jahr nachgesehen werden. Oft fehlen alten Pferden auch Zähne – genau wie bei alten Menschen fallen sie ihnen nämlich aus. Ein weiterer Grund für Probleme beim Kauen liegt darin, daß die Schneidezähne bei Pferden mit fortschreitendem Alter immer flacher aufeinander zu stehen kommen, was das Abbeißen von Futter erschwert. Darauf muß man vor allem beim Weidegang achten. Und schließlich ermüden alte Pferde beim Kauen leichter – um ein Kilo Heu zu kauen, müssen sie immerhin zwischen 3.000 und 6.000 Kieferbewegungen durchführen, und das ist bei dem harten Zeug ganz schön anstrengend.

Alte Pferde magern leicht ab, weil sie das Futter nicht mehr so gut verwerten können.

Das schlechtere Kauen führt dazu, daß alte Pferde nicht mehr so viele Nährstoffe aus dem Futter holen können wie jüngere. Sie können das Futter nicht so gut verwerten, weil es nicht fein genug zerkaut ist, um für die Enzyme und die Darmbakterien optimal „angreifbar" zu sein. Noch schwerwiegender ist, daß alte Pferde bestimmte Nährstoffe wie Eiweiß und Calzium nicht mehr so gut absorbieren können. Folglich müssen diese Nährstoffe vermehrt zugefüttert werden.

Als Faustregel kann gelten, daß man einem alten Pferd von allen Nährstoffen ungefähr 20% mehr zuführen muß, als es die Bedarfstabellen für seine Arbeitsbelastung angeben. Sind die Zähne vernachlässigt oder ist das Futter extrem minderwertig oder hart, so kann dieser Wert auf 100% ansteigen – es kann also sein, daß Sie einem alten Pferd doppelt so viel füttern müssen wie seinem Stallkollegen in den besten Jahren. Zusätzlich müssen beim Eiweiß und beim Calzium Zuschläge gemacht werden.

Allgemein gibt man einem alten Pferd am besten Futtermittel, die gut verdaulich sind. Junges Weidegras wird immer gerne gefressen, läßt sich gut kauen und ist für alte Pferde mit ihrem höheren Eiweißbedarf auch von der Zusammensetzung her gut geeignet. Wenn Heu gefüttert wird, sollte es gutes Heu sein – also nicht zu spät geschnitten, nicht schimmlig, nicht staubig. Auch Cobs sind für alte Pferde empfehlenswert. Kann ein Pferd nicht mehr gut kauen, so weicht man die Cobs ungefähr eine Stunde vor dem Füttern ein – nach dem Schlabbern des Breis ist das Pferd zwar ziemlich grün um die Nase, aber es hatte bestimmt keine Kauprobleme. Auch Getreide sollte man alten Pferden nicht mehr in ganzen Körnern verfüttern, sondern gequetscht.

Bei Pferde-Senioren muß man darauf achten, daß zumindest ein Teil des Eiweißes besonders hochwertig und gut verdaulich ist. Das ist zum Beispiel bei Eiweiß aus jungem Weidegras oder aus guter Grassilage der Fall. Sojaschrot kommt hierfür ebenfalls in Frage – man kann damit wunderbar eine Winterration aufwerten. Die meisten Pferde fressen Sojaschrot auch gerne pur.

Eine weitere gute Möglichkeit für ein altes Pferd mit größeren Kauproblemen besteht darin, Kraftfutterpellets eine Stunde lang in Wasser einzuweichen. Die Komponenten der Pellets sind ja bereits vermahlen, so daß ein hervorragend verdaulicher Brei entsteht, der keine Anforderungen an die Zähne stellt. Aber egal, wie schlecht die Zähne sind: Auch ein altes Pferd braucht unbedingt genügend strukturierte Rohfaser! Also immer gutes Heu anbieten, auch wenn das Tier die Hälfte davon in Form von „Heuwickeln“ wieder aus dem Maul fallen läßt.

Den größeren Calziumbedarf eines alten Pferdes kann man durch eine höhere Mineralfuttergabe decken. Be-

währt haben sich auch eingeweichte Zuckerrübenschnitzel – sie sind sehr calziumreich und werden gerne gefressen. Außerdem haben sie den positiven Nebeneffekt, daß sie gut für die Verdauung sind. Viele alte Pferde saufen nämlich nicht genug und neigen daher zu Verstopfung. Über die eingeweichten Rübenschnitzel führt man etwas Flüssigkeit zu, und sie ziehen durch ihren Zuckergehalt im Darm Wasser an, so daß der Darminhalt und damit letztlich die Pferdeäpfel weicher werden. Um diesen Effekt zu erzielen, sollte man für ein Großpferd circa 1,5 bis 2 Kilogramm Schnitzel (eingeweicht in fünf bis sieben Liter Wasser) verfüttern.
Schließlich kann es für alte Pferde sinnvoll sein, die Zufuhr von Vitamin A und der verschiedenen B-Vitamine etwas zu erhöhen. Am einfachsten geschieht das durch ein Mineralfutter, das reich an diesen Vitaminen ist.

Mash

Mash stellt man her, indem man bestimmte Futtermittel aufkocht und sie vor dem Verfüttern eine Weile abkühlen läßt. Die meisten alten Pferde mögen Mash gerne, man kann sie damit also zum Fressen animieren. Durch das Erhitzen werden die Nährstoffe ein wenig „vorverdaut", so daß Mash gut verdaulich ist. Daneben wirken die drei bekanntesten Mash-Arten auch vorbeugend gegen Verstopfung.
Zur Förderung der Verdauung wird am häufigsten *Leinsamen-Mash* eingesetzt. Leinsamen enthält viele Schleimstoffe, die bei Zugabe von Wasser aufquellen. Diese Schleimstoffe sorgen dafür, daß der Futterbrei gut durch den Darm rutscht. Gleichzeitig legen sie sich wie eine Art Schutzschicht über die Schleimhäute der Darm-

wände. Reines Leinsamen-Mash ist bei vielen Pferden allerdings nicht besonders beliebt. Meist fressen sie es lieber, wenn man etwas Hafer oder Kleie dazugibt.
Auch *Hafer-Mash* enthält Schleimstoffe, allerdings nicht so viele wie die gleiche Menge Leinsamen-Mash. Hafer liefert nicht so viel Energie wie Leinsamen, weil er weniger Fett enthält, wird aber von den meisten Pferden lieber gefressen.
Kleie-Mash gibt man schwerfuttrigen Pferden gerne. Die Kleie ist relativ nährstoffreich, und sie zieht im Darm Wasser an und quillt auf. Dadurch wird der Futterbrei aufgelockert und weich und rutscht besser durch den Darm. Am willkommensten ist dieser Effekt bei Pferden, die wenig Rohfaser zu sich nehmen und aufgrund dieses Ballaststoffmangels zu Verstopfung neigen.
Für die Zubereitung von Mash braucht man zunächst einen großen Topf – am besten einen alten Einwecktopf. Für Kleie- und Hafer-Mash bringt man drei Liter Wasser zum Kochen und gibt inwischen ein Pfund Weizenkleie oder ein Pfund gequetschten Hafer zusammen mit 25 Gramm Kochsalz in einen stabilen, hitzebeständigen Eimer. Man kann auch Hafer und Kleie mischen. Wenn das Wasser kocht, gießt man es unter ständigem Rühren über den Inhalt des Eimers. Dann stellt man den Eimer in einen warmen Raum oder zwischen ein paar Heuballen. Man kann ihn auch mit einem Sack abdecken. Zweck des Ganzen ist, daß der Eimerinhalt langsam abkühlen und dabei quellen soll. Verfüttern kann man das Mash, wenn es sich für den hineingesteckten Finger angenehm warm anfühlt (vorher noch einmal umrühren!). Wer will, kann das Ganze kurz vor dem Verfüttern noch verfeinern: mit ein wenig Hafer, mit kleingeschnittenen Möhren und Äpfeln oder mit etwas Melasse.

Die Zubereitung von Leinsamen-Mash ist etwas komplizierter, weil der Leinsamen unbedingt eine Viertelstunde lang kochen sollte, damit er keine Blausäure mehr freisetzen kann (siehe Seite 78). Für Leinsamen-Mash nimmt man also einen besonders großen Topf, bringt darin drei Liter Wasser zum Kochen und schüttet 100 Gramm Leinsamen hinein. Das Ganze muß nun eine Viertelstunde lang vor sich hinköcheln. Bleiben Sie am Herd stehen und rühren Sie immer wieder um! Leinsamen kocht leicht über, und die glibberig-fettige Masse läßt sich nur schwer wieder vom Herd entfernen. Nach einer Viertelstunde können Sie den Brei so weit abkühlen lassen, daß Sie ihn verfüttern können.

Auf einen Blick: Fütterung von Sonderfällen

- Zuchtstuten sollten ab zwei Wochen vor dem Decktermin mehr ß-Carotin bekommen, weil dadurch die Wahrscheinlichkeit größer wird, daß sie trächtig werden. In den ersten sieben Monaten der Trächtigkeit werden sie für den Erhaltungsbedarf gefüttert, dann brauchen sie mehr Eiweiß, Energie, Calzium und Phosphor, weil das Fohlen jetzt schneller wächst.
- Um Milch für ihr Fohlen produzieren zu können, braucht die Stute ebenfalls mehr Energie, Eiweiß und Calzium. An die hohen Kraftfuttermengen, die dafür nötig sind, muß man die Stute langsam gewöhnen. Auch das Verringern der Kraftfuttermenge circa ab dem vierten Lebensmonat des Fohlens darf nicht plötzlich geschehen. Im Alter von ungefähr sechs Monaten wird das Fohlen abgesetzt, und die Stute kann wieder nach dem Erhaltungsbedarf oder nach ihrer Arbeitsleistung gefüttert werden.

- Fohlen und Jungpferde brauchen für die Entwicklung ihres Skeletts und ihrer Muskeln ebenfalls erhöhte Mengen an Calzium, Phosphor und Eiweiß – und das Eiweiß muß hochwertig zusammengesetzt sein, mit viel Lysin und Methionin. Zunächst holt sich das Fohlen diese Nährstoffe aus der Muttermilch und aus Weidegras. Etwa ab dem vierten Lebensmonat wird Kraftfutter zugefüttert, wobei man am besten einen handelsüblichen Fohlenstarter verwendet.
- Alte Pferde können wegen Zahnhaken, ausgefallener Zähne und flach stehender Schneidezähne häufig schlecht kauen. Einmal, besser noch zweimal im Jahr sollte der Tierarzt die Zahnhaken abraspeln. Das schlechtere Kauen führt dazu, daß alte Pferde nicht mehr so viele Nährstoffe aus dem Futter holen können. Dazu kommt, daß die Absorption von Eiweiß und von Calzium verschlechtert ist. Als Faustregel gilt, daß ein altes Pferd 20% mehr Nährstoffe braucht als in den Bedarfstabellen angegeben. Sind die Zähne in sehr schlechtem Zustand oder ist das Futter sehr schlecht oder sehr hart, so kann ein Zuschlag von 100% nötig werden. Futtermittel für alte Pferde sollten leicht verdaulich sein und hochwertiges Eiweiß enthalten. Geeignet sind junges Weidegras, gute Grassilage, Cobs und gequetschtes Getreide sowie als Extra-Eiweißquelle Sojaschrot. Für Pferde, die sehr schlecht kauen können, kann man Cobs oder Kraftfutterpellets in Wasser einweichen. Außerdem muß immer genügend strukturierte Rohfaser in Form von gutem Heu zur Verfügung stehen. Die Verfütterung von eingeweichten Zuckerrübenschnitzeln wirkt der Verstopfung entgegen und verbessert die Calzium-Versorgung. Gut für die Verdauung ist auch Mash, insbesondere Leinsamen-Mash mit seinem hohen Schleimgehalt.

Schwere Fälle

Als „schwere Fälle" bezeichne ich Pferde, die zwar ganz normal gehalten, geritten und gefüttert werden, sich aber nicht so verhalten, wie man es dann erwarten sollte: ein Pony, das nur nach Erhaltungsbedarf gefüttert wird und trotzdem vor lauter Energie ständig explodiert; ein Pferd mit hohem Vollblutanteil, das Unmengen Futter bekommt, an dessen Beckenknochen man aber trotzdem seinen Hut aufhängen könnte; ein Isländer, der trotz Offenstallhaltung nicht zu husten aufhört ...
Häufig sind allerdings Erkrankungen die Ursache, wenn Pferde dicker oder dünner sind, als sie es nach der Futtermenge sein müßten. Gerade magere Pferde sind oft verwurmt, haben Zahnhaken oder einfach nur irgendwo Schmerzen, weil sie zum Beispiel verspannt sind. Zunächst muß also überprüft werden, ob das Pferd krank ist. Erst wenn dieser Verdacht ausgeschaltet ist, kann man es hinnehmen, daß man nun mal ein besonders leichtfuttriges oder ein besonders schwerfuttriges Pferd besitzt.

Leichtfuttrige Typen

Die meisten Robustpferde sind ausgesprochen leichtfuttrig. Aber warum brauchen solche Typen oft sogar noch weniger Futter, als in der Bedarfstabelle als unterster

Wert angegeben ist? Nun, da ist zum einen der kompakte Körperbau und die isolierende Fettschicht dieser Robustpferde. Bereits der Körperbau von leichtfuttrigen Pferden ist meist so ausgelegt, daß möglichst wenig Energie verschwendet wird. Sehr futterdankbare Pferde sind meist auch recht ruhige Vertreter ihrer Art, die sich nicht so leicht aufregen und die somit wenig Energie durch unnötige Bewegung verbrauchen. Bei Aufregung wird auch das Futter schneller durch den Magen-Darm-Trakt geschleust, so daß Enzyme und Bakterien weniger Zeit haben, ihre Verdauungsarbeit zu leisten – doch das kann einem sehr ruhigen Pferd kaum passieren. Schließlich sind leichtfuttrige Pferde meist gute Futterverwerter. Das bedeutet, daß sie einen großen Prozentsatz der aufgenommenen Nährstoffe auch im Körper behalten (und nicht mit den Pferdeäpfeln wieder ausscheiden). Enzyme und Bakterien müssen die Nährstoffe aus dem Futter ja in ihre Bausteine zerlegen, damit diese dann durch die Darmwand hindurch in das Blut des Pferdes aufgenommen, also absorbiert, werden können. Erst Nährstoffe, die im Blut angelangt sind, können vom Pferd auch als Energielieferanten oder als Bausteine für den Aufbau von eigenem Körpergewebe genutzt werden. Gute Futterverwerter haben eine hohe Absorptionsrate – warum, weiß niemand so genau.

Leichtfuttrige Pferde sind in einem Auslauf besser aufgehoben als auf der Weide – sehr zum Leidwesen dieses Norwegers ...

Wenn die absorbierten Nährstoffe in körpereigenes Gewebe um- oder zu Energie abgebaut werden sollen, finden chemische Umwandlungsprozesse statt. Bei leichtfuttrigen Pferden verläuft dieser Umbau sehr wirkungsvoll, es geht also wenig Energie verloren. Auf der Suche nach den Ursachen dafür verzweifeln sogar die Experten.

Gut, nun kennen Sie also einige der Gründe dafür, daß Pferde besonders leichtfuttrig sein können, und Sie wissen, daß es meist ruhige Pferde mit kompaktem Körperbau sind, die ihr Futter besonders gut verwerten. Was aber tun Sie, wenn Sie ein solches Pferd haben?

Berechnen Sie die Ration für Ihr Pferd so, daß die Energie- und Eiweißgehalte unter den in der Tabelle aufgeführten Werten liegen. Je nachdem, wie leichtfuttrig Ihr Pferd ist, können 10 bis 30% weniger Futter nötig sein. Geben Sie dem Pferd genügend Rauhfutter, damit es beschäftigt ist. Oft kommen solche Pferde auch bei mittlerer Arbeitsbelastung noch ohne jedes Kraftfutter aus. Geben Sie keine Grundfutter wie Mais- beziehungsweise Grassilagen oder Cobs, die einen hohen Nährstoffgehalt haben. Greifen Sie lieber auf etwas „minderwertigere" Futtermittel zurück – etwa auf spät geschnittenes Heu und gutes Futterstroh. Lassen Sie Weidegras gezielt alt werden, also in die Blüte kommen, bevor das Pferd auf die Weide darf. Bringen Sie das Pferd eventuell gar nicht auf die Weide, sondern nur in einen abgefressenen Auslauf oder Sandpaddock, wo Sie Stroh zufüttern, damit es beschäftigt ist. Auslauf ist gerade für ein Pferd, das leicht zunimmt, sehr wichtig! Sorgen Sie für genügend Bewegung. Wenn Sie Ihrem Pferd einmal etwas Gutes tun wollen, tun Sie das nicht in Form von Hafer, sondern in Form von Möhren oder Äpfeln. Nicht sparen dürfen Sie am Mineralfutter – davon braucht ein leichtfuttriges Pferd ebensoviel wie jedes andere Pferd.

Verfressene Pferde

Viele Pferde sind eigentlich nicht leichtfuttrig, sondern einfach nur unheimlich verfressen. Am liebsten würden sie den ganzen Tag nur kauend verbringen. Sie putzen jeden Heukrümel weg, sind beim Kraftfutter oft extrem futterneidisch und vertilgen jedes brauchbare Strohhälmchen ihrer Einstreu. Solchen Pferden geht es wie manchen Menschen: Sie essen einfach gerne, und wenn sie nicht durch etwas anderes abgelenkt werden, denken sie auch nur ans Essen. Die Devise bei solchen Pferden lautet also: beschäftigen und sinnvoll füttern.

Sorgen Sie für Beschäftigung, indem Sie Ihr Pferd viel auf die Koppel oder in den Auslauf lassen – am besten in Gesellschaft anderer Pferde, so daß es nicht nur gelangweilt herumsteht. Besuchen Sie es häufig oder lassen Sie es besuchen. Beschäftigen Sie sich lieber dreimal jeweils eine Stunde mit ihm als einmal drei Stunden lang. Halten Sie es mindestens in einer Außenbox, so daß es in der Gegend herumschauen kann, oder besser in einer Box mit Paddock oder in einem Offenstall. Spielzeug in der Box kann sinnvoll sein. In den Auslauf kann man Spielzeug in Form von auf den Boden gelegten Stangen oder Pferde-Spielbällen legen – oder was Ihnen sonst noch einfällt! Pferde sind neugierig und können mit Dingen spielen, die man zunächst gar nicht als Spielzeug betrachten würde. Daß Sie hierfür nur Gegenstände verwenden, die absolut verletzungssicher sind, dürfte selbstverständlich sein.

Bei der Fütterung halten Sie sich besonders strikt an die

Regeln: oft und dafür kleinere Portionen füttern. Rauhfutter vor dem Kraftfutter geben, so daß das Pferd das geliebte Kraftfutter nicht so herunterschlingt. Kraftfutter können Sie anfeuchten und mit gehäckseltem Stroh vermischen, so daß das Pferd besser kauen muß und zum Fressen länger braucht. Geben Sie einem verfressenen Pferd mehr Rauhfutter, so daß sein Kaubedürfnis und sein Beschäftigungstrieb besser befriedigt werden. Geben Sie ihm dicke Äste zum Abnagen in die Box oder in den Auslauf – achten Sie aber darauf, daß Sie keine Äste von giftigen Bäumen erwischen. Eibe, Robinie und Buchsbaum sind beispielsweise giftig.

Äste im Auslauf bieten verfressenen Pferden etwas zum Knabbern und Beschäftigung.

Schwerfuttrige Typen

Manche Pferde würden fast verhungern, wenn man sie streng nach Bedarfstabelle füttern würde. Meist sind das hoch im Blut stehende Pferde, die recht edel und feingliedrig gebaut sind und „trocken" wirken – man kann also Gelenke und Sehnen deutlich sehen, weil solche Pferde praktisch kein Unterhaut-Fettgewebe ansetzen. Dieser Körperbau und die fehlende Fett-Isolierschicht sind ein Grund dafür, daß solche Pferde mehr Energie verbrauchen, um sich warm zu halten. Meist sind sie außerdem recht temperamentvoll und bewegungsfreudig – auch das erhöht den Energieverbrauch. Dazu kommt, daß sich temperamentvolle Pferde leichter über Neues aufregen und dann mehr äpfeln – das bedeutet, daß sie das Futter sehr schnell durch den Magen-Darm-Trakt hindurchschleusen, so daß Verdauungsenzyme und Bakterien nicht genügend Zeit haben, um das Futter wirklich gründlich zu „zerlegen".

Schwerfuttrige Pferde absorbieren nur einen relativ geringen Prozentsatz der aufgenommenen Nährstoffe, und sie bauen diese Nährstoffe weniger wirkungsvoll um. Häufig kommt dann noch das Problem hinzu, daß solche Pferde wählerisch sind und beileibe nicht alles fressen, was man ihnen vorlegt.

Was also tun, wenn man so einen schwierigen Fresser bei Laune und in gutem Körperzustand halten will? Zunächst können Sie davon ausgehen, daß Sie auf die Tabellenwerte für den Energie- und Eiweißbedarf 10 bis 30% aufschlagen müssen. Denken Sie unbedingt daran, daß ein schwerfuttriges Pferd nicht nur mehr Energie benötigt, sondern auch mehr Eiweiß.

Futtermittel für schwerfuttrige Pferde sollten gut verdaulich sein, das Eiweiß muß hochwertig zusammengesetzt sein. Setzen Sie nur Futtermittel von hoher Qualität und mit hoher Nährstoffkonzentration ein – das bedeutet, daß in einem Kilo Futter möglichst viel Energie und Eiweiß enthalten sein sollte. So muß das Pferd insgesamt nicht so viel Futter fressen, um seinen Nährstoffbedarf zu decken. Also: nicht spät geschnittenes Heu füttern, sondern Heu von jungem Gras oder am besten gleich Grassilage oder Cobs, vielleicht auch Luzerneheu. Stellen Sie dem Pferd ständig nährstoffreiches Rauhfutter zur Verfügung, so daß es nicht auf Stroh zurückgreifen

muß, wenn es etwas knabbern möchte. Lassen Sie es auf eine möglichst gute Weide, wenn Sie die Möglichkeit dazu haben. Gut bedeutet in diesem Zusammenhang, daß das Gras nicht zu alt und möglichst vielseitig zusammengesetzt sein sollte. Energiereiche Maissilage und eiweißreicher Sojaschrot sind empfehlenswert. Vielleicht können Sie Ihr Pferd mit eingeweichten Rübenschnitzeln locken. Sorgen Sie bei der Fütterung für Abwechslung – aber mit Überlegung, so daß Sie die Darmbakterien nicht durcheinanderbringen. Geben Sie dem Pferd sein Kraftfutter in mehreren Portionen, und sorgen Sie dafür, daß es beim Fressen nicht abgelenkt wird. Ein extrem futterneidisches oder aggressives Pferd in der Nachbarbox wird den Appetit eines mäkligen Fressers nicht gerade anregen.
Bei vielen schwerfuttrigen Pferden kann man eine gute Wirkung erzielen, indem man ein- bis dreimal pro Woche Mash verfüttert, am besten Kleie- oder Hafer-Mash. Leinsamen-Mash ist eher bei älteren oder zu Verstopfung neigenden Pferden angebracht. Wie Mash zubereitet wird, wurde ab Seite 160 beschrieben.

Stauballergiker

Leider gibt es immer häufiger Pferde, die an chronischer Bronchitis leiden oder die auf Staub allergisch reagieren, vor allem auf die Schimmelsporen aus dem Rauhfutter. Diese Schimmelsporen setzen Pferden viel mehr zu als „normaler" Staub, der aus feinsten Erdteilchen, Pflanzenbröckchen, Tierhaaren und ähnlichem besteht. Die Schimmelsporen sind nämlich viel kleiner als diese normalen Staubteilchen. Weil sie so winzig sind, werden sie von den Pferden bis tief in die Lunge hinein eingeatmet und können dort viel Schaden anrichten.

Am einfachsten macht man ein Pferd zum Stauballergiker oder zum Bronchitispatienten, indem man es ständig in seiner Box im schönen warmen Stall hält. Das Ganze am besten auf einer ungepflegten Mistmatratze und mit dicht geschlossenen Seitenwänden, so daß die schweren Schadgase nicht aus der Box entweichen können. Dazu noch schimmliges Heu, das man in der Box schön aufschüttelt, so daß sich eine Staubwolke erhebt, und womöglich schimmliges Stroh als Einstreu. – Tatsächlich reichen oft schon ein oder zwei dieser Faktoren, um einem anfälligen Pferd zu einem Lungenproblem zu verhelfen.

Die Fütterung eines Stauballergikers oder eines Pferdes, das an chronischer Bronchitis leidet, kostet viel Zeit und Geld. Lassen Sie es also am besten gar nicht erst so weit kommen. Geben Sie Ihrem Pferd so viel Auslauf wie möglich und sorgen Sie für frische Luft im Stall. Machen Sie die Fenster auf! Es soll nicht zu Zugluft kommen, aber von frischer Luft ohne Zug kann ein Pferd gar nicht genug bekommen. Lassen Sie auch die Winterluft herein! Wenn Sie nicht wollen, daß Ihr Pferd ein allzu dickes Winterfell bekommt, können Sie es ab dem Spätsommer nachts und ab Herbst auch tagsüber eindecken. Und wenn es eingedeckt ist, können die Fenster doch ruhig offen bleiben. Kurz gesagt: Sorgen Sie dafür, daß die empfindliche Lunge des Pferdes mit so viel frischer Luft wie möglich durchspült wird.

Wenn Sie nun noch darauf achten, daß Ihr Pferd möglichst wenig mit (Fein-)Staub in Berührung kommt, sollte es eigentlich erst gar keine Bronchitis oder Stauballer-

Auch gutes Heu staubt, wenn man es aufschüttelt. Die Box ist deshalb der falsche Ort dafür!

gie entwickeln. Verwenden Sie nur qualitativ hochwertiges Heu. Schütteln Sie es nicht in der Box auf, sondern möglichst außerhalb des Stalles. Am besten wässen Sie das Heu, indem Sie es zwölf Stunden vor dem Füttern vollständig in einen Wasserbottich einlegen. Es soll noch naß verfüttert werden. (Das Wasser in dem Bottich muß nach jedem Wässern vollständig ersetzt werden! Es ist mit Bakterien und Schmutz verunreinigt.) Auch Cobsstaub reizt manche Pferde zum Husten. Befeuchten Sie die Cobs noch im Eimer, oder gießen Sie mit einer Gießkanne Wasser darüber, sobald die Cobs in der Futterkrippe liegen. Sie können auch erst Wasser in die Krippe füllen und dann die Cobs dazugeben. Genauso können Sie bei allen Kraftfuttermitteln vorgehen. Lassen Sie ein anfälliges Pferd nicht in einer staubigen Reithalle oder auf einem staubigen Reitplatz arbeiten und auch nicht auf einem staubtrockenen Sandauslauf stehen.

Haben Sie erst einmal ein staubempfindliches Pferd, so müssen Sie im Grunde dieselben Empfehlungen beherzigen wie bei der Vorbeugung: viel frische Luft und kein staubiges Futter. Statt Heu können Sie zu Silagen greifen. Die teuerste, aber oft beliebteste Lösung ist die Heulage. Statt Stroheinstreu können Sie Sägespäne oder Torf verwenden – anfeuchten nicht vergessen, bevor Sie Ihr Pferd zum erstenmal in die frisch eingestreute Box lassen! Weidegang bietet gleich zwei Vorteile auf einmal: frische Luft und garantiert staubfreies Futter. Aber lassen Sie das Gras nicht in die Blüte kommen – viele Stauballergiker sind auch gegenüber Gräserpollen sehr empfindlich. Kraftfutter können Sie anfeuchten, und auch eingeweichte Trockenschnitzel sind für Stauballergiker empfehlenswert.

Reiten Sie Ihr staubempfindliches Pferd nur dann in der Halle oder auf dem Platz, wenn der Boden einige Zeit vorher angefeuchtet wurde und das Wasser Zeit hatte, die Bodenteilchen gut zu durchdringen. Gehen Sie beim Putzen Ihres Pferdes vor, wie es früher bei der Kavallerie üblich war: Feuchten Sie auf der Stallgasse oder auf dem Putzplatz eine Stelle an und klopfen Sie den Striegel auf dieser feuchten Fläche aus. So wird der Putzstaub gebunden. Wenn Ihr Pferd sehr schmutzig ist, können Sie ihm die Staubwolken beim Putzen ersparen, indem Sie es mit dem Staubsauger putzen.

Auf einen Blick: Schwere Fälle

- Bevor man sein Pferd als besonders schwer- oder leichtfuttrig einstuft, muß man sicherstellen, daß es nicht krank ist.
- Leichtfuttrige Pferde absorbieren einen besonders hohen Prozentsatz der aufgenommenen Nährstoffe und setzen sie besonders wirkungsvoll in körpereigene Gewebe um. Die Ration solcher Pferde sollte 10 bis 30% weniger Energie und Eiweiß enthalten als in der Tabelle angegeben. Als Futtermittel wählt man Rauhfutter wie spät geschnittenes Heu, gutes Futterstroh oder überständiges Weidegras.
- Ist ein Pferd sehr verfressen, dann lautet die Devise: beschäftigen und sinnvoll füttern. Solche Pferde brauchen viel Bewegung und Auslauf in Gesellschaft anderer Pferde, Spielzeug in der Box und auf der Koppel. Beim Füttern geben Sie einem verfressenen Pferd mehr Rauhfutter, so daß sein Kaubedürfnis und sein Beschäftigungstrieb besser befriedigt werden.
- Schwerfuttrige Pferde verbrauchen mehr Energie als leichtfuttrige Pferde, und auch die Nährstoffabsorption und der Umbau von Nährstoffen im Körper laufen bei solchen Pferden nicht besonders wirkungsvoll ab. Sie brauchen 10 bis 30% mehr Energie und Eiweiß, als in den Bedarfstabellen angegeben ist. Verwenden Sie Futter mit hoher Nährstoffkonzentration wie jung geschnittenes Heu, Grassilage oder Cobs. Finden Sie heraus, was Ihr Pferd gerne frißt, und sorgen Sie beim Füttern für Abwechslung.
- Bei Bronchitis und Stauballergie sollte man das Heu wässern und das Kraftfutter anfeuchten. Anstelle von Heu kann man Silagen (auch Heulage) und Weidegras verwenden, anstelle von Stroh Sägespäne oder Torf einstreuen.

Häufige Fütterungsfehler

Manche Fütterungsfehler verträgt ein Pferd lange, bevor man merkt, daß etwas nicht in Ordnung ist; andere führen sofort zu einer Kolik, Vergiftung oder Stoffwechselerkrankung. Fast alle Fütterungsfehler sind aber durch etwas Nachdenken vermeidbar!

Eiweiß-Überversorgung

Um eine Überversorgung mit Eiweiß zu vermeiden, muß man den Eiweißbedarf des Pferdes und den Eiweißgehalt der verschiedenen Futtermittel kennen. Viele Pferdebesitzer wissen nicht, in welchen Futtermitteln viel oder wenig Eiweiß enthalten ist. Oft glauben sie auch, in Grund- und Rauhfuttern sei grundsätzlich wenig Eiweiß enthalten und in Kraftfuttern viel – diesen Fehler sollten Sie inzwischen nicht mehr machen.
Sehen Sie sich die Tabelle auf der nächsten Seite einmal an. Hier stehen beispielsweise junges und überständiges Weidegras absichtlich in einer Zeile nebeneinander, damit Sie besser vergleichen können.

Am häufigsten kommt es bei Weidegang zur Eiweiß-Überfütterung, weil vielen Pferdehaltern nicht klar ist, wie eiweißreich junges Gras ist und daß Klee und Luzer-

Gegenüberstellung eiweißreicher und eiweißarmer Futtermittel

Eiweißreiche Futtermittel	Eiweiß in der Trockenmasse (in %)	Eiweißarme Futtermittel	Eiweiß in der Trockenmasse (in %)
Sojaschrot	55		
Leinsamen	24,8		
Luzerne, jung	21	Möhren	9,3
Klee, jung	18	Stroh (Hafer)	3,6
Weidegras, jung	16 – 18	Weidegras, überständig	11
Grascobs	18,5	Heu, i.d.Blüte	8 – 9
Grassilage	12 – 16	Maissilage	8 – 9
Weizenkleie	16		
Weizen	13,8	Trockenschnitzel	5,9
Gerste	12,5		
Hafer	12,3		

(Die Eiweißwerte in dieser Tabelle sind nur Durchschnittsangaben, vor allem für die Grundfuttermittel.)

ne sogar noch mehr Eiweiß enthalten. Wenn Ihr Pferd auf einer Weide mit jungem Gras steht, müssen Sie ihm zum Ausgleich eiweißarmes, rohfaserreiches Futter anbieten – gutes Stroh ist hierfür am besten geeignet. Ein viel gerittenes Turnierpferd verträgt sicher auch Heu als Ausgleich, nicht aber Ihr Isländer, mit dem Sie dreimal pro Woche ausreiten.

Die typische Erkrankung, mit der Pferde auf Überfütterung mit jungem Weidegras reagieren, ist die Hufrehe. Früher hat man diese Krankheit als Folge von Eiweiß-Überfütterung angesehen; heute weiß man, daß der Eiweißüberschuß sicher auch eine Rolle spielt, daß die eigentliche Ursache aber eine Überversorgung mit leichtlöslichen Kohlenhydraten ist. (Das gilt für die Futterrehe. Hufrehe kann auch durch andere Faktoren ausgelöst werden, zum Beispiel durch häufige Arbeit auf hartem Boden.) Bei der Hufrehe entzündet sich die Huflederhaut, also die Haut zwischen der Hornkapsel des Hufes und dem Hufbein. Dadurch ist die Aufhängung des Hufbeins geschädigt, und das Hufbein kann sich drehen und sich in extremen Fällen sogar durch die Hufsohle bohren. Außerdem kann es zum „Ausschuhen" kommen – das heißt, daß sich die Hornkapsel völlig vom Fuß löst. Selbst wenn die Erkrankung nicht so extrem verläuft und die Entzündung wieder ausheilt, wird der Huf nie wieder so belastbar sein wie früher. Rufen Sie bei Verdacht auf Hufrehe auf jeden Fall sofort den Tierarzt.

Auslöser der Entzündung ist ganz allgemein ein durcheinandergebrachter Stoffwechsel. Junges Weidegras enthält große Mengen an leichtlöslichen Kohlenhydraten, also an kurzkettigen Zuckern, die sehr schnell aus dem Darm ins Blut übergehen. Wenn Ihr Pferd nach Monaten im Winterauslauf zum erstenmal auf die Weide darf, wird es sich mit Begeisterung auf das geliebte Futter stürzen. Der Körper wird von einer Stunde auf die andere mit Zuckern überschwemmt. Er ist darauf aber nicht eingestellt. Die Enzyme, die für den Umbau des Zuckers zuständig sind, müssen erst wieder in ausreichender Menge gebildet werden. Was also tun mit dem Zuckerüberschuß? Ihn ins Gewebe einlagern, ihn in Stoffe um-

bauen, die im Moment gar nicht gebraucht werden, ihn wieder ausscheiden – alles gleichzeitig muß der Körper tun, und damit ist er überfordert.
Lassen Sie Ihr Pferd nicht sofort stundenlang auf die Weide, wenn es bisher keinen Weidegang hatte. Zunächst darf es nur für eine halbe Stunde aufs Gras, nach ein paar Tagen für eine Stunde, dann einige Tage lang für zwei Stunden. Füttern Sie zum Ausgleich ein Grundfutter, das wenig Eiweiß, wenig leichtlösliche Kohlenhydrate und viel Rohfaser enthält – spät geschnittenes Heu oder am besten Stroh. Sehr genügsame, leichtfuttrige Pferde dürfen im Frühjahr überhaupt nicht ganztägig auf die Weide. Sie können die Weide mittels Elektrozaun so verkleinern, daß die Pferde zwar herumknabbern können, dabei aber keine nennenswerten Grasmengen aufnehmen. Man kann auch einen Maulkorb einsetzen, durch den die Pferde nur hälmchenweise fressen können. Manche Pferde scheinen sich daran nicht weiter zu stören, andere reagieren widerwillig oder gar verzweifelt – beobachten Sie Ihr Pferd. Wenn es zur letzten Kategorie gehört, können Sie keinen Maulkorb verwenden.

Energie-Überversorgung

Bei der zu üppigen Versorgung mit Energie muß man zwei Fälle unterscheiden.
Da ist zum einen die Überversorgung mit leichtlöslichen Kohlenhydraten. Sie führt zu Stoffwechselstörungen wie der oben beschriebenen Hufrehe, also zu einer recht massiven Erkrankung. Ursache hierfür ist meist die Unkenntnis des Pferdehalters oder ein krasser Fut-

terwechsel. In den Nährstofftabellen der DLG finden Sie in der Spalte „XX" den Gehalt an leichtlöslichen Kohlenhydraten (also an Zuckern) und an Stärke. Sehen Sie zum Beispiel einmal unter „Zuckerrübenschnitzel" nach: Sie enthalten pro Kilogramm Trockenmasse 809 Gramm Zucker. Junges Wiesengras enthält pro Kilo Trockenmasse 480 Gramm leichtlösliche Kohlenhydrate und Stärke.

Zum anderen kann das Pferd einfach zu viel Energie erhalten, also zu viele Kalorien. Und wie ein Mensch, der zu viele Kalorien zu sich nimmt, werden die meisten Pferde davon einfach immer dicker. Wenn Ihr Pferd immer rundlicher wird, ist die Diagnose meist einfach und die Abhilfe auch – wiegen Sie die Ration, die Ihr Pferd bekommt, rechnen Sie sie nach und lassen Sie energiereiche Futtermittel allmählich weg, wenn Sie herausbekommen, daß Ihr Pferd tatsächlich zu viel Energie erhält. Es hilft nichts, sich hinzustellen und kopfschüttelnd zu sagen: „Also ich weiß nicht, der wird immer dicker, obwohl ich ihm doch fast nichts gebe außer einem halben Ballen Heu pro Tag!" Denken Sie ehrlich darüber nach, was Sie dem Pferd sonst noch zustecken: die Schaufel Hafer morgens und abends, das Kilo Möhren und das alte Brot, die Pferdeleckerli und die Maiskolben, die ihm die Kinder immer geben – und und und!

„Mein Pferd bekommt ja ohnehin fast nichts zu fressen!" Seien Sie ehrlich: Wie viele Karotten, Äpfel und Brotreste stecken Sie Ihrem Vierbeiner täglich zu?

Machen Sie sich auch einmal mehrere Tage hintereinander die Arbeit und wiegen Sie, was Sie dem Pferd geben. Wenn Sie ihm pro Tag vier Scheiben Heu geben in dem guten Glauben, das seien sechs Kilogramm Heu, und tatsächlich sind es acht Kilogramm, dann können Sie Rationen berechnen, solange Sie wollen – das Pferd wird trotzdem immer dicker.

Frißt Ihr Pferd viel Stroh? Dann sollten Sie auch das in Ihre Berechnung mit aufnehmen. Ich habe in einem Stall einmal Einstreustroh gesehen, das zu einem Drittel aus Grashalmen (von Ungras) bestand und bei dem in jeder zweiten Ähre noch ein oder zwei Körner steckten. Wenn das Pferd von solchem Stroh in einer Nacht fünf Kilo frißt, hat es mit den Ähren ein Pfund Getreide mitgefressen, und der Futterwert dieses Strohs war wegen der vielen grünen Halme ohnehin so hoch wie der von spät geschnittenem Heu.

Manche Pferde werden von zu viel Energie nicht dicker, sondern nur lebhafter. Das gilt vor allem für Typen, die ohnehin schon etwas temperamentvoll sind. Auch bei uns Menschen gibt es ja Leute, die zu viel Essen in Fett umsetzen, und andere, denen von reichlichem Essen lediglich warm wird und die danach Bäume ausreißen könnten. Das gleiche gilt für Pferde – man spricht von Ansatztypen (sie setzen die Energie in Form von Fett an) und von Umsatztypen (sie setzen die Energie in Bewegungsdrang um). Wenn Sie sich nicht erklären können, warum Ihr Pferd auf dem Ausritt immer so loszieht, warum es so schreckhaft ist oder warum es einfach nicht stillstehen kann, dann rechnen Sie Ihre Ration noch einmal durch und seien Sie dabei realistisch, was die Arbeitsbelastung Ihres Pferdes angeht.

Einem Pferd, das bei reichlicher Energiezufuhr zu temperamentvoll wird, sollten Sie Futtermittel geben, aus denen die Energie langsam freigesetzt wird – also Grundfutter wie Heu oder Silagen. Bei einem solchen Pferd kann es nach der Änderung der Futterration allerdings Monate dauern, bis es ruhiger wird.
Die Überfütterung mit Energie kann Erkrankungen hervorrufen, wie wir bereits am Beispiel der Hufrehe gesehen haben. Ein weiteres klassisches Beispiel ist der Kreuzverschlag (Feiertagskrankheit, schwarze Harnwinde). Er tritt meist dann auf, wenn ein Pferd viele Kohlenhydrate erhält und dann ein Ruhetag eingelegt wird, ohne daß die Futtermenge reduziert wird. Wenn das Pferd eine Ration mit reichlich Kohlenhydraten erhält, wird in der Muskulatur viel Glykogen gebildet – das ist ein Energie-Speicherstoff. Nach einem Stehtag hat sich in den Muskeln jede Menge Glykogen angereichert. Wird das Pferd nun plötzlich bewegt, so sind die Muskeln wenig durchblutet, aber das Glykogen muß schlagartig abgebaut werden, damit das Pferd Energie für die Bewegung zur Verfügung hat. Damit ist der Stoffwechsel überfordert, und es kommt zu einem fehlerhaften Abbau des Glykogens, bei dem Milchsäure gebildet wird. Diese Säure wird nicht schnell genug abtransportiert, so daß Muskelfasern zersetzt werden. Daraus erklärt sich das Krankheitsbild: Das Pferd geht steif und widerwillig, die Muskulatur ist hart und verspannt, und das Pferd hat Schmerzen. Meist ist die Kruppenmuskulatur betroffen. Bestandteile der zerstörten Muskelfasern werden mit dem Harn ausgeschieden und geben diesem eine dunkle Färbung. Kreuzverschlag ist ebenso wie Hufrehe unbedingt ein Fall für den Tierarzt!

Wenn man weiß, daß man sein Pferd am nächsten Tag nicht bewegen kann oder daß es jetzt einige Tage lang weniger gearbeitet wird als sonst, sollte man die Kraftfuttermenge reduzieren. Wesentlich besser als ein Stehtag in der Box ist ohnehin ein Bummeltag auf der Koppel – Bewegung verringert das Risiko eines Kreuzverschlags erheblich.

Ungeeignete Futterqualität

Schimmeliges Futter darf nicht verwendet werden. Gelegentliche Schimmelnester im Heu sind für Pferde, die nicht vorgeschädigt sind, tolerierbar, wenn man das Heu vor dem Verfüttern zwölf Stunden lang wässert. Schimmeliges Getreide, vergorene und verschimmelte Trockenschnitzel oder schimmelige Silagen gehören dagegen auf keinen Fall in eine Pferdefutterkrippe. Die in Schimmelpilzen enthaltenen und von ihnen ausgeschiedenen Stoffe sind für Pferde giftig. Diese Stoffe heißen Mykotoxine – mykos ist das griechische Wort für Pilz, und Toxine sind Giftstoffe.

Giftpflanzen haben weder auf der Weide noch im Heu oder in der Silage etwas zu suchen. Die meisten von ihnen verlieren ihre Giftigkeit durch das Trocknen nicht.

Sehr fein vermahlene Futtermittel stauben und können im Magen-Darm-Trakt verkleben. Deswegen sollte Getreide – wenn überhaupt – nur gequetscht werden, nicht vermahlen.

Silagen, die nachgären, dürfen ebenfalls nicht verfüttert werden. Bei der Nachgärung werden Stoffe frei, die zu Verdauungsstörungen führen. Silagen sollen aromatisch riechen. Riechen Sie deutlich nach Essig oder stechend nach Buttersäure, so sind Fehlgärungen abgelaufen.

Schmutz und Erde im Futter kann bei Pferden toleriert werden, wenn es sich um lose Erdbrocken handelt. Pferde können solche Brocken mit ihren Lippen aussortieren. Haftet der Schmutz dagegen fest am Futter wie zum Beispiel bei erdigen Rüben oder Möhren, so sind die Pferde gezwungen, ihn mitzufressen. Er kann zu Verdauungsstörungen führen und enthält oft auch Bakterien wie beispielsweise Botulismuserreger – Botulismus führt zu einer tödlich verlaufenden Vergiftung.
Zuckerrübenschnitzel müssen vor dem Verfüttern eingeweicht werden. Sie können sonst in der Speiseröhre oder im Magen-Darm-Trakt aufquellen, und es kann zu Schlundverstopfung, zu Kolik oder sogar zum Zerreißen von Magen- oder Darmwand kommen.
Junges Weidegras, Klee und Luzerne in großen Mengen wirken blähend und können zu Gaskoliken führen. Verfüttern Sie davon an ein Großpferd täglich höchstens 25 Kilogramm (Frischmasse).
Zu kurz gehäckseltes Gras (zum Beispiel das Gras aus dem Rasenmäher-Fangsack Ihres freundlichen Nachbarn, der Ihren Pferden etwas Gutes tun möchte) kann im Darm „steckenbleiben" und zu sogenannten Anschoppungskoliken führen. Das gleiche kann mit feingemahlener Rohfaser passieren, wie sie in Cobs beziehungsweise in Grünmehl enthalten ist, wenn diese Futtermittel in zu großen Mengen verabreicht werden.
Reste von Pflanzenschutzmitteln kommen vor allem in Getreide und Stroh vor. Versuchen Sie, Ihre Futtermittel von extensiv wirtschaftenden Betrieben zu bekommen, zum Beispiel Heu aus dem Kulturlandschaftsprogramm oder Stroh von Landwirten, die kontrollierten Anbaurichtlinien folgen. Fragen Sie, ob das Stroh „kurzgespritzt"

wurde – das heißt, ob während des Getreidewachstums ein Halmverkürzer eingesetzt wurde. Es ist nicht nachgewiesen, daß Rückstände dieser Halmverkürzer im Stroh einen negativen Einfluß auf Pferde haben – aber warum noch mehr Chemie füttern als sowieso schon im Futter ist? Autobahnheu ist heute zwar kaum noch bleibelastet, enthält aber andere Schadstoffe aus den Auto-Abgasen und ist meist auch recht staubig.

Einseitige Fütterung

Sie wissen inzwischen, daß Pferde gegenüber plötzlichen Futterumstellungen empfindlich sind. Das muß aber nicht heißen, daß Sie eine Ration nicht vielseitig zusammenstellen können, mit ein paar Kilo hiervon und einer Schaufel davon ... Sie dürfen diese Futterkombination nur nicht plötzlich ändern. Und Sie sollten wirklich versuchen, ein wenig Abwechslung in den Speiseplan zu bringen, denn einseitige Fütterung birgt Gefahren.

Zu viel Kraftfutter

In Fertigkraftfuttern ist viel Getreide enthalten und damit viel Stärke, also schnell verfügbare Energie. Zuviel davon kann dazu führen, daß Sie beim Reiten jedesmal auf einem Pulverfaß sitzen. Gleichzeitig erhält das Pferd bei viel Getreide in der Ration wenig Ballaststoffe und vor allem wenig strukturierte Rohfaser, die es aber braucht, damit der Futterbrei gut durch den Darm rutscht. Bei Rohfasermangel besteht ein größeres Risiko, daß das Pferd eine Kolik bekommt.
Die Fütterung von viel Getreide hat noch einen Nach-

teil: das ungünstige Calzium-Phosphor-Verhältnis im Getreide. In einer Pferderation sollte das Ca:P-Verhältnis ungefähr 2:1 betragen, das Pferd sollte also etwa doppelt soviel Calzium wie Phosphor bekommen. Ein Kilogramm Hafer enthält aber beispielsweise 1,2 Gramm Calzium und 3,6 Gramm Phosphor – das Verhältnis ist also genau umgekehrt. Heu dagegen liefert pro Kilogramm ungefähr 5 Gramm Calzium und 2,8 Gramm Phosphor – so soll es sein. Bei sehr getreidereichen Rationen muß man also unbedingt ein geeignetes Mineralfutter verfüttern, das mindestens doppelt soviel Calzium wie Phosphor enthält.

Zu viel Strukturfutter

Zu viel Rauhfutter können Sie einem Pferd fast nicht geben. Aber Sie können ihm zu viel strukturierte Rohfaser verabreichen. Es ist durchaus nicht egal, ob Sie Ihren genügsamen Isländer im Winter täglich mit acht Kilo gutem, nicht zu grobem Heu füttern oder ob Sie ihm nur vier Kilo Heu geben und sich ansonsten darauf verlassen, daß er schon genug von dem Stroh fressen wird, mit dem sein Stall eingestreut ist. Bei der zweiten Variante muß Ihr Isi viel mehr Rauhfutter zu sich nehmen als bei der ersten, und er nimmt mit dieser großen Rauhfuttermenge auch sehr viel strukturierte Rohfaser auf. Der Futterbrei im Darm besteht dann großenteils aus sperrigen, groben, unverdaulichen Fasern – und die können den Darm verstopfen. Man nennt das dann Strohkolik.
Sie können Ihr Pferd ohne weiteres nur mit Rauhfutter füttern – vor allem, wenn es sich um einen guten Futterverwerter handelt, der nur leichte oder mittlere Arbeit leistet. Sie müssen lediglich darauf achten, daß Sie es

nicht mit zu viel grober, stark strukturierter Rohfaser vollstopfen. Auch ein Shetty kann nicht ausschließlich von Futterstroh leben – gutes Stroh enthält zwar durchaus genügend Energie für das Shetty, aber eben zu viel Struktur (und zu wenig Eiweiß und Mineralstoffe).

Höchstmengen bestimmter Futtermittel

Ganz allgemein gilt, daß Sie von Futtermitteln mit einer ausgewogenen Zusammensetzung mehr füttern können, während Sie Futtermittel mit einseitigem Nährstoffgehalt vorsichtig einsetzen müssen.

Getreide ist nicht nur energie- und eiweißreich, sondern auch rohfaserarm, und es hat ein ungünstiges Mineralstoffverhältnis. Am unkritischsten sind Hafer und Gerste, weil diese Getreide wenigstens noch eine Spelze haben und somit mehr Rohfaser enthalten. Hafer kann deswegen bis zu 70% des Gewichts einer Ration ausmachen, Mais bis zu 50%, Gerste bis zu 30% und Weizen bis zu 20%. Roggen wird meist überhaupt nicht empfohlen, und wenn man ihn doch verwendet, dann bis zu einem Anteil von maximal 10%.

Bei den Eiweißfuttermitteln kann Sojaschrot bis zu 15% der Gesamtration ausmachen, Leinsamen oder Leinsaatrückstände 10%, Ackerbohnen 10%, die verschiedenen Milchpulver (für Fohlen) bis zu 25% und Molkenpulver (ebenfalls für Fohlen) bis zu 5%.

Was die Energiefuttermittel angeht: Zuckerrübenschnitzel (Trockenschnitzel) können einen Anteil von maximal 10% der Gesamtration haben (trocken gewogen), Weizenkleie 10 bis 20%, pflanzliche Öle wie Soja- und Leinöl 10% und tierische Fette ebenfalls 10%. Insgesamt sollte der Anteil der Fette aber nicht mehr als 15% betragen.

Auf einen Blick: Häufige Fütterungsfehler

- Um eine Eiweiß-Überversorgung zu vermeiden, sollte man wissen, welche Futtermittel viel Eiweiß enthalten: Sojaschrot, Leinsamen, junges Weidegras, Klee und Luzerne, Cobs, Grassilage, Weizenkleie und Getreide. Steht Ihr Pferd auf einer Weide mit jungem Gras, so muß es zum Ausgleich eiweißarmes, rohfaserreiches Futter wie Stroh erhalten. Um Krankheiten wie der Hufrehe vorzubeugen, muß man Pferde langsam an das Frühjahrsgras gewöhnen.
- Bei der Energie-Überversorgung gibt es zum einen den Überschuß an leichtlöslichen Kohlenhydraten, der zu Stoffwechselstörungen führt. Zum anderen kann das Pferd einfach zu viel Energie erhalten, also zu viele Kalorien. Robustpferde werden von zu viel Energie im Futter meist einfach nur dick, während temperamentvollere Pferde die Energie in Bewegungsdrang umsetzen. Wenn Ihr Pferd bei reichlicher Energiezufuhr zu lebhaft wird, sollten Sie ihm Futtermittel geben, aus denen die Energie langsam freigesetzt wird – also Grundfutter wie Heu oder Silagen.
- Schimmeliges Futter ist ebenso ungeeignet wie Giftpflanzen, sehr fein vermahlene Futtermittel, nachgärende Silagen, Rüben mit fest anhaftendem Schmutz, nicht eingeweichte Zuckerrübenschnitzel, junger Klee und junge Luzerne sowie kurz gehäckseltes Gras.
- Einseitige Fütterung mit zu viel Kraftfutter kann dazu führen, daß das Pferd zu temperamentvoll wird, daß es durch das geringe Rohfaserangebot zu Koliken neigt und daß das Calzium-Phosphor-Verhältnis nicht stimmt. Bei einseitiger Fütterung mit zu viel grobem, sperrigem Rauhfutter kann es zu Strohkoliken kommen. Die meisten Futtermittel dürfen nur einen bestimmten Anteil der Gesamtration ausmachen.

Danksagung

Während ich dieses Buch geschrieben habe, saß mir geistig immer der Mann im Nacken, der mir das meiste von dem beigebracht hat, was ich über Tierernährung im allgemeinen weiß: Armin Salewski. Ihm möchte ich danken. Außerdem gilt mein Dank den Freunden, die meine Pferde gefüttert, Heu eingefahren und die Stallarbeit erledigt haben, damit ich dieses Buch schreiben konnte: Isabell Schreiter, Mechthild Brockmann und Terry Williams.

Bettina Borst

Bildnachweis

Gisela Borst: S. 53, 57, 69, 73, 84, 98, 113;
Lothar Lenz: S. 9, 46, 65, 111, 131, 148, 155, 165, 168, 172;
Angelika Schmelzer: S. 39, 61, 72, 77, 80, 93, 120, 142, 158, 179.

Alle Grafiken stammen von Mechthild Brockmann.

Leerformular zur Rationsberechnung

	Futtermittel	Menge (kg)	entspricht TM (kg)	Verdauliche Energie (MJ)	Verdauliches Eiweiß (g)	Ca (g)	P (g)	Na (g)
Bedarf								
1. Strukturfutter								
2. Grundfutter								
Bilanz (Bedarf minus gefüttert)								
3. Ergänzung								
4. Ergänzung								
Bilanz								
Bemerkungen								

Adressen für Futtermittel-Untersuchungen

Deutschland:
LUFA Bonn
Weberstr. 59 – 61
D-46244 Bonn

Hessische landwirtschaftliche Versuchsanstalt
Rheinstr. 91
D-64295 Darmstadt

Bayerische Landesanstalt für Bodenkultur und Pflanzenbau
Vöttinger Str. 38
D-85354 Freising

Bayerische Hauptversuchsanstalt für Landwirtschaft der TU München
D-85354 Freising

LUFA Hameln
Finkenborner Weg 1A
D-31787 Hameln

LUFA Karlsruhe
Neßlerstr. 23
D-76227 Karlsruhe

Hessische landwirtschaftliche Versuchsanstalt
Am Versuchsfeld 13
D-34128 Kassel

LUFA Kiel
Gutenbergstr. 75-77
D-24116 Kiel

LUFA Münster
Nevinghoff 40
D-48147 Münster

LUFA Oldenburg
Mars-la-Tour-Str. 4
D-26121 Oldenburg

LUFA Speyer
Obere Langgasse 40
D-67346 Speyer

Landesanstalt für landwirtschaftliche Chemie
Emil-Wolff-Str. 14
D-70599 Stuttgart

Österreich:
IFA-TULLN
Abteilung Analytikzentrum
Konrad-Lorenz-Str. 20
A-3430 Tulln

Bundesamt für Agrarbiologie
Wienigerstr. 8
A-4020 Linz

Schweiz:
Eidgenössische Technische Hochschule Zürich
Labor für technische Chemie
Universitätsstr. 6
CH-8092 Zürich

Weiterführende Literatur

Jede Menge Futtermittel mit Angaben über die Gehalte an Energie, den Rohnährstoffen und einigen Mineralstoffen findet man in den:
DLG-Futterwerttabellen Pferde, DLG-Verlag, Frankfurt
Aus dem gleichen Verlag gibt es auch Tabellen über den Mineralstoff- und den Vitamingehalt von Futtermitteln.

Eine wissenschaftliche Fütterungslehre und Tabellen über die Gehalte von Futtermitteln an Vitaminen und Spurenelementen enthält:
M. Kirchgessner: *Tierernährung*, DLG-Verlag, Frankfurt

Umfassendes Wissen über die Pferdeweide findet man in dem Buch:
J. von Grone: *Die Pferdeweide*, Müller Rüschlikon Verlags AG, CH-6330 Cham

Häufig sehr detaillierte Angaben über Futtermittel und ihre Auswirkungen finden Sie in:
H. Meyer: *Pferdefütterung*, Verlag Paul Parey / Blackwell Verlag

Eine auf das Wesentliche beschränkte Fütterungslehre und eine gute Anleitung zur Rationsberechnung enthält:
O.G. Steigle: *Handbuch des Gelände- und Wanderreiters*, Franckh Kosmos Verlag, Stuttgart

Eine recht ausführliche Fütterungslehre mit interessanten Tabellen, allerdings nicht ganz leicht verständlich, bietet:
J. Marten und A. Salewski, *Handbuch der modernen Pferdehaltung*, Franckh Kosmos Verlag, Stuttgart

Sachregister